Los temas más controvertidos de la investigación científica contemporánea para quienes deseen emprender un fascinante Viaje al Centro de la Ciencia.

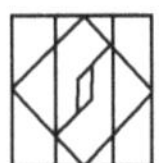

c o l e c c i ó n

VIAJE AL CENTRO DE LA CIENCIA

ADN Editores, S.A. de C.V.

Colección dirigida por
Juan Tonda

Diseño: Arroyo + Cerda
Ilustración de portada y portadilla: Mauricio Gómez Morín
Ilustraciones interiores:
Liliana Hernández Mora y Myriam Núñez

Primera edición, 1998
Sexta reimpresión, 2005
Séptima reimpresión, 2021

Estrella del Sur 150, Col. Rancho Tetela,
62160 Cuernavaca, Morelos,
México
juantonda54@gmail.com
Tel. (52) 5554006326

La primera edición se coeditó con la
Dirección General de Publicaciones del
Consejo Nacional para la Cultura y las Artes

ISBN: 978-968-6849-26-4

Impreso y hecho en México
Printed in Mexico

Juan Tonda Mazón

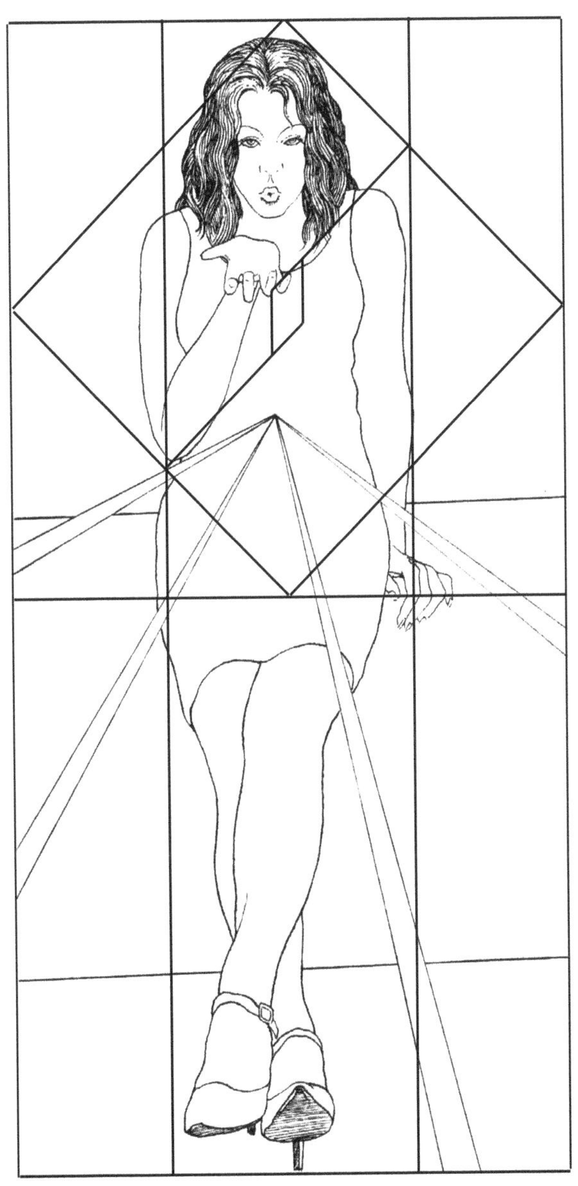

El beso virtual

A Claudia de Teresa Ochoa

Índice

Introducción

Con este libro se pretende que las personas interesadas en el conocimiento de los láseres y sus aplicaciones se acerquen a la ciencia y a la técnica de este maravilloso invento del siglo XX que, como muchos otros, ha requerido del trabajo y especialización de muchas personas. En menos de 50 años el láser ha encontrado aplicaciones insospechadas.

En esta obra de divulgación se ha pretendido mostrar al lector los principios, aplicaciones y tipos de láseres, a través de una narración ficticia. Sin embargo, se debe señalar que todos los conocimientos científicos y técnicos, así como los nombres de los personajes y las fechas que aparecen en ella son reales, corresponden a los protagonistas de la historia del descubrimiento del rayo láser.

Quiero agradecer la valiosa ayuda y sugerencias que me proporcionaron Norma Castillo, Francisco Noreña, Horacio García y Claudia de Teresa. Asimismo, agradezco la lectura minuciosa que realizó el ingeniero José de la Herrán, quien además de ser un amigo entrañable de toda la vida y un excelente maestro en la divulgación, fue uno de los pioneros de la construcción de láseres en México.

1

Sueños de California

El rayo láser lo construyó por primera vez el físico estadounidense Theodore Harold Maiman.

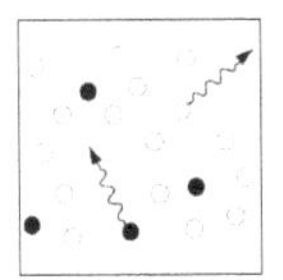

Cuando a las 8 A.M. sonó el despertador, me metí debajo de la almohada. La noche anterior la había pasado en mi laboratorio leyendo un artículo de Albert Einstein sobre la interpretación microscópica de la radiación de cuerpo negro. Me levanté de la cama y abrí una de las ventanas. Un viento frío se introdujo a la habitación. Era una de las típicas mañanas brumosas de Malibú, en la costa californiana, en donde desprenderse de las cobijas costaba mucho trabajo.

Me puse la bata y me dirigí a la cocina. Puse a hervir agua para preparar un café; mientras tanto metí en el tostador un par de panes y después caminé hacia la puerta de entrada para recoger el periódico.

En la primera plana del *New York Times* del 7 de julio de 1960 aparecía a ocho columnas el siguiente encabezado: "¡El rayo ardiente de Wells: una realidad!". El ruido de agua hirviendo me interrumpió, apagué la estufa y puse una cucharada sopera de café, la dejé reposar un par de minutos y me serví el café. Me acerqué a la mesa y con la taza en la mano me acomodé en la silla para continuar la lectura:

> Por primera vez se construye un aparato que produce un rayo láser. El invento se debe al doctor Theodore H. Maiman, físico nacido en Los Ángeles, el 11 de julio de 1927, quien estudió la maestría en ingeniería eléctrica y el doctorado en física en la Universidad de Stanford. Maiman produjo, con una barra de rubí sintético, un pulso de luz de muy corta duración. Hace 62 años, en 1898, el famoso escritor de ciencia ficción H. G. Wells escribió *La guerra de los mundos* —no confundirlo con el director de cine Orson Wells, quien en 1938 aterrorizó a la población con una emisión radiofónica de una invasión marciana basada en la novela—, en la cual narra un ataque de los marcianos a la Tierra. En ella puede leerse lo que sería una predicción del rayo láser. A continuación reproducimos un extracto:
>
> > Es todavía materia de asombro la forma rápida y silenciosa con la que pueden sembrar la muerte los

marcianos. Muchas personas piensan que los hijos de Marte han conseguido engendrar un calor intenso en una cámara de inconductibilidad prácticamente absoluta, y que, por medio de un espejo parabólico de composición desconocida, proyectan ese calor intenso contra el objeto de su elección, como proyectan los faros un rayo de luz. Pero nadie ha logrado demostrar irrefutablemente estos detalles. Sea como fuere, lo cierto es que consiste esencialmente en un rayo de calor, calor invisible en lugar de luz visible. Y cuantas cosas pueden arder se inflaman al contacto con ese rayo; el plomo se derrite como el hielo, se ablanda el hierro, se rompe y funde el vidrio y el agua se evapora inmediatamente...

Cerca de cuarenta personas yacían aquella noche bajo la luz de las estrellas, carbonizadas, desfiguradas, irreconocibles. Hasta la mañana siguiente nadie cruzó por la llanura que se extiende de Horsell a Maybary. Matorrales y abetos ardieron libremente.

La noticia de la matanza debió llegar al mismo tiempo a Chobham, a Woking y a Ottershaw. Las tiendas de Woking estaban cerradas cuando ocurrió la catástrofe, y muchas personas, comerciantes , tenderos y otros hombres, estimulados por los relatos que hacían, se dirigieron hacia Puente Horsell, entre las zarzas que dan a la llanura. Imaginémonos a muchachos y muchachas que, una vez terminada la jornada, bebían con el pretexto del meteoro (H. G. Wells se refiere al cilindro que cayó a la Tierra en el cual viajaban los marcianos), al igual que hubieran tomado, con cualquier otra cosa, un tiempo para pasear juntos y hacerse el amor. Imaginémonos el murmullo de las voces en el crepúsculo, a lo largo del camino...

Después de leer esta espeluznante imagen de lo que los hipotéticos marcianos habían hecho con su rayo ardiente, me quedé pensativo. La bomba atómica lanzada sobre Hiroshima y Nagasaki, en 1945, había acabado casi instantáneamente con 100,000 inocentes. ¡Y no se trataba de una historia de ciencia ficción, sino de una pavorosa enseñanza sobre lo que el hombre no debe hacer!

El timbre del teléfono interrumpió mi cavilación. Corrí hacia mi cuarto para contestar el teléfono. Era el doctor Charles Hard Townes de la Universidad de Columbia, en Nueva York.

—¡Hola Theodore!, hablo para felicitarte.

—Gracias, aunque después del artículo del *Times* nadie va a querer saber nada sobre el láser.

—No te preocupes, así son algunos periodistas. Primero te alarman y después te informan.

—Bueno, no sólo los periodistas. Mi artículo original del láser lo mandé al *Physical Letters* y ya ves lo que hicieron... rechazarlo. Tuve que enviarlo a *Nature*, a principios de año y sólo así pude protegerme.

—Sí, tienes razón, ya ves lo que nos pasó a mi cuñado Arthur y a mí. Construí el máser y luego patentamos el máser de luz visible y ahora resulta que un tal Gordon Gould lo había concebido nueve meses antes. Pero, tienes razón, nadie es profeta en su tierra.

—Lo que más me molesta es que la prestigiosa *Physical Letters* haya rechazado mi colaboración. Pero, además, tú eres un contraejemplo.

—Bueno sí, pero ya estás del otro lado. Les has dado bofetada con guante blanco. ¡Imagínate!, ahora deben estar con la cola entre las patas. Seguramente, el evaluador estará de lavacoches.

—Lo que me indigna es pensar en cuántos artículos no habrán pasado por las mismas peripecias.

—¿Qué vas a hacer el próximo fin de semana?

—Nada del otro mundo. Por qué no vienen Arthur y tú con toda la familia y vamos a divertirnos a la playa.

—¡Me parece muy bien! Creo que a Arthur le agradará la idea. ¿Llevamos algo?

—Sí, traigan una muchacha guapa, con eso basta.

—Pero si California está plagado de chicas bonitas y no se diga Malibú. ¿Para qué quieres una neoyorquina?

—Aquí nos vemos. Adiós.

Tenía que tomar un avión a la ciudad de Nueva York porque debía dar una conferencia de prensa. Preparé una maleta pequeña con una muda de ropa, tomé una novela policiaca de Ross Macdonald, además del periódico que no había terminado de leer, y me dirigí en mi automóvil al aeropuerto de Los Ángeles.

En el camino venía repasando mis ideas para ordenar el discurso a los medios de comunicación. En el avión escogí la sección de fumadores y por suerte me tocó la ventanilla. Junto a mí se sentó un niño de doce años con su madre que por la pronunciación parecía inglesa. Empezaba a leer mi novela policiaca cuando el chico me interrumpió:

—¿Es verdad que ya existe el rayo de la muerte?

La pregunta me dejó atónito; cómo era posible que un chico de esa edad estuviera al tanto de lo que dicen los periódicos.

—¿Dónde leiste la noticia?

—Bueno, esta mañana lo leí en el periódico que compró mi mamá.

—Sí, es cierto que por primera vez en la historia el rayo del que hablaba H. G. Wells en su novela de la guerra con los marcianos es una realidad. Pero eso no quiere decir que sea un rayo que fulmine instantáneamente a cualquier cosa que se le ponga enfrente. Puede causar quemaduras en la retina, dañar los ojos y, cuando más, quemaduras en la piel. Imagínate que tienes una linterna tan delgada como un lápiz y que de uno de sus extremos sale un rayo de luz muy delgadito de color, por ejemplo, rojo. Eso es un láser.

—¡Joe! —interrumpió su mamá—, deja en paz al señor... no lo dejas leer.

—Theodore Maiman, señora, mucho gusto. Veo que su hijo es una persona preparada. Si he de ser sincero, conozco pocos niños de su edad que se interesen por leer el periódico. Bueno, me quedé corto, incluso pocos adultos.

—El gusto es mío. Me llamo Elizabeth O'Ryan, le agradezco su comentario; a Joe le gusta mucho leer.

Por unos momentos me quedé pensando que mi primer contacto con el público en general había sido un rotundo fracaso. Cómo explico siquiera la palabra LASER, *Light Amplification by Stimulated Emission of Radiation* (en español debería ser ALEER, por Amplificación de Luz por Emisión Estimulada de Radiación), pero ya las personas hablan del láser como una nueva palabra del vocabulario. Lo peor de todo es que "amplificación de la luz por emisión estimulada de radiación" no dice mucho a la gente que desconoce el tema. Peor aún, cómo voy a explicar que la luz del láser no se parece en nada a la de una linternita, porque la del láser es monocromática y coherente, es decir, está en fase.

El poco tiempo que me quedaba para llegar a la conferencia de prensa en el *New York Times* me la pasé pensando en ejemplos que pudieran ilustrar los conceptos que intervienen en el rayo láser.

Cuando llegué a la ciudad de Nueva York me estaba esperando un representante del *Times*. Me despedí de lejos de Joe y Elizabeth y nos dirigimos al estacionamiento del aeropuerto. Mi acompañante me dio una lista en la que aparecían los nombres de todos los reporteros que asistirían a la conferencia de prensa, así como los del medio de comunicación al que pertenecían. La conferencia debía durar una hora. Así que calculamos media hora para explicar en qué consistía el láser y la otra media para responder a las preguntas.

Llegamos al edificio del *Times* y en un viejo elevador de puerta corrediza manual subimos al cuarto piso. A las 12:55 h estábamos en una sala de juntas adaptada para la conferencia con un pequeño estrado y un micrófono. Había preparado unas cuantas transparencias para ilustrar las partes difíciles y mi ayudante del *Times* tenía listo un boletín de prensa, así como un juego de fotos para cada uno de los asistentes.

—Señoras y señores quiero presentarles al doctor Theodore H. Maiman, de la Hughes Aircraft Corporation.

—Gracias. Señores periodistas les agradezco su asistencia. Antes de responder a sus preguntas me gustaría explicarles en qué consiste el rayo láser, cuáles son sus antecedentes, así como quiénes han hecho posible que haya logrado construir el primer láser.

"Para explicar qué es el rayo láser, permítanme hacer una analogía. Si tiramos una piedra a un estanque se formarán ondas concéntricas que rebotan en las paredes del estanque y se pueden volver más grandes cuando coinciden los valles con los valles y las crestas con las crestas de las ondas, o bien se pueden anular, cuando un valle coincide con una cresta. En el dibujo que aparece en la pantalla (véase la figura 1) se presentan los dos casos. Por ello, seguramente habrán observado que en ocasiones la onda que se forma en un estanque se anula o se refuerza cuando choca con la pared de éste.

"Pues bien, ahora imagínense que en lugar de tirar una piedra a un estanque tiramos muchas piedritas, pero cada una separada por un lapso de tiempo igual y en el mismo lugar. Con ello obtendremos una serie de ondas concéntricas de gran tamaño, donde las crestas siempre coinciden con las crestas y los valles con los valles. De esta forma, se suman los efectos de cada onda y se produce una gran onda u onda amplificada.

"En el primer caso estaríamos hablando de la luz de un foco común y corriente, y en el segundo, de un rayo láser.

"La luz del rayo láser tiene características especiales. En primer lugar, es un rayo muy fino y muy potente que viaja en línea recta. Y en segundo lugar, la luz del rayo es de un solo color y todas las ondas son iguales, es decir, coinciden las crestas de una onda con las de las otras.

"En los laboratorios de la Hughes Aircraft Corporation logré recientemente construir un rayo láser con una barra de rubí sintético y una lámpara de destellos; éste consiste en un pulso de luz roja que tiene una duración de millonésimas de segundo.

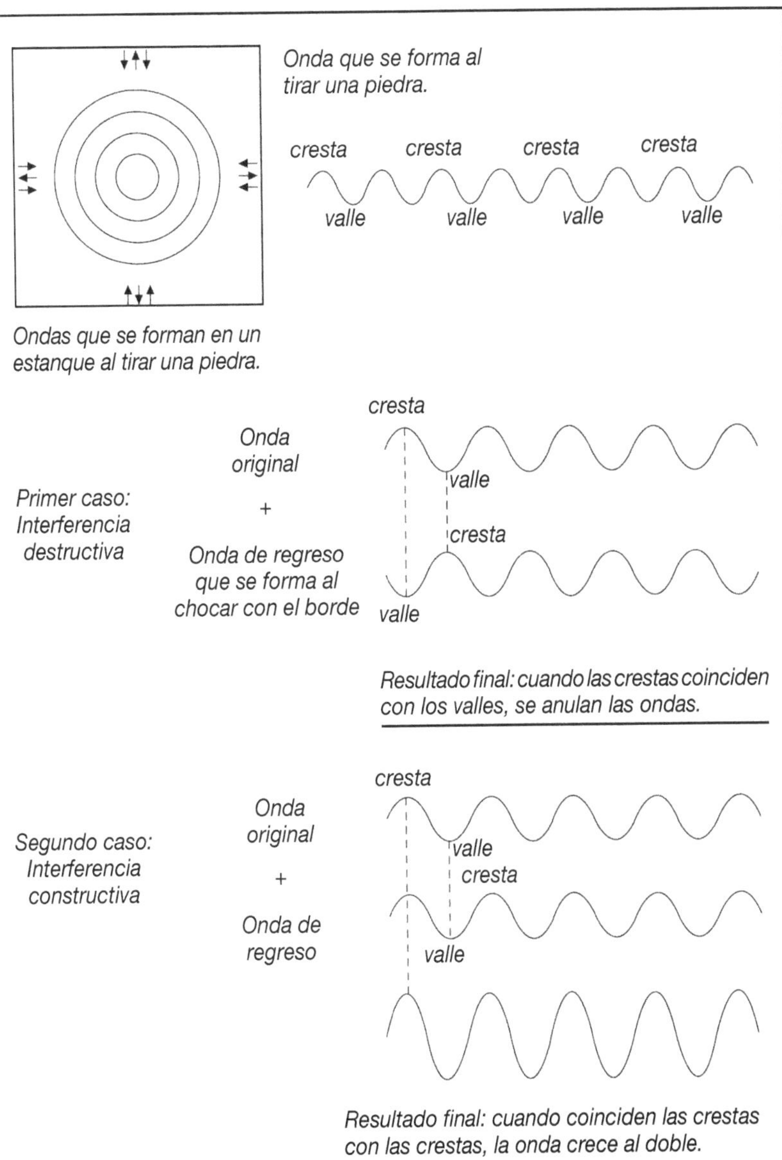

Figura 1. Ondas en un estanque.

"Antes sólo se había conseguido producir el mismo efecto pero con las microondas, gracias a los trabajos de dos pioneros: los doctores Charles H. Townes y Arthur Schawlow. El primero de ellos, junto con sus asistentes James P. Gordon y Herbert Zeiger, lograron construir por primera vez un dispositivo con amoniaco que producía una radiación del mismo tipo que la mía, pero en la región de las microondas. Y se llamó MASER, por *Microwave Amplification by Stimulated Emission of Radiation* (Amplificación de Microondas por Emisión Estimulada de Radiación). Tanto Townes y Schawlow como Gordon Gould propusieron que teóricamente se podía construir un rayo de las mismas características que el máser pero ahora de luz visible.

"Como no se trata de falsa modestia, yo he logrado construir ese dispositivo que se llama rayo láser, por *Light Amplification by Stimulated Emission of Radiation.* Por ahora no explicaré en qué consiste cada uno de estos términos, porque para ello tendría que darles muchas explicaciones fundamentales de física cuántica.

"Creo que con los años, el rayo láser encontrará múltiples aplicaciones en la vida cotidiana y se meterá en cada uno de nuestros hogares.

"Quiero recalcar que el rayo láser real dista mucho del rayo de la muerte de H. G. Wells, pues no se puede destruir a una persona con este rayo. No puedo negar que tiene aplicaciones militares y por ello el Departamento de Defensa está interesado en su desarrollo. Sin embargo, creo que los beneficios pacíficos del rayo láser serán mucho mayores que los bélicos. Por ahora, quiero decirles que un rayo láser de baja potencia no es otra cosa que un rayito de luz que viaja en línea recta.

Y mi única recomendación sería que no lo miraran directamente porque puede causar quemaduras leves en la retina.

"Finalmente, quisiera agradecer a todo el equipo que ha colaborado conmigo en la construcción del láser, la paciencia que me han tenido, así como a la Hughes Aircraft Corporation su confianza por apoyar mis investigaciones. Con todos ellos estoy en deuda. Muchas gracias."

—Doctor Maiman, ¿nos podría explicar cómo logró obtener el rayo láser?

—Sí. Cuando la luz de la lámpara de destellos o *flash* está prendida, llegan muchos rayos de luz a la barra de rubí sintético. Ahí, los atómos del rubí se excitan, es decir, que sus electrones se encuentran en niveles de mayor energía y producen más luz de la que se usó inicialmente para excitarlos. Ésta es la luz del láser.

—Doctor, usted ha mencionado que el láser puede tener aplicaciones militares. ¿Cree usted en la buena fe de las personas que utilicen su invento?

—Desgraciadamente, no creo que deje de aprovecharse el rayo láser para fines militares, pero eso no impide que proporcione beneficios en la vida cotidiana. Sin embargo, casi cualquier invento que usted conozca puede utilizarse con fines militares. Los transistores se pueden usar en los transmisores del ejército y no por ello dejan de ser un descubrimiento invaluable para la electrónica del siglo XX y para todas las comunicaciones. Creo que la responsabilidad de los usos que se le den a un invento no sólo es del descubridor, sino de todos los ciudadanos.

—Doctor Theodore Maiman, ¿nos puede explicar algunos de los beneficios del rayo láser?

—Sí, con mucho gusto. En primer lugar creo que el láser tendrá muchas aplicaciones. Por lo pronto, pienso que se puede utilizar para hacer mediciones muy precisas de grandes distancias, porque la luz es muy fina y recta. También se puede usar para hacer perforaciones microscópicas, y para soldar en electrónica. Seguramente en ciertas ramas de la medicina también encontrará aplicaciones como la de destruir células malignas. Finalmente, en el terreno de las comunicaciones también aportará muchos beneficios.

—Una última pregunta, por favor.

—Doctor Maiman, ¿es muy costoso el sistema para producir el rayo láser?

—Bueno, el que yo construí, sí. Pero creo que el costo de los aparatos de rayo láser dependerá de la potencia que posean. Un láser muy potente podría costar un millón de dólares, mientras que uno de laboratorio para la enseñanza producido en serie podría llegar a costar unos quinientos dólares.

Señores periodistas muchas gracias.

Ante las cámaras de todos los canales de televisión y miles de *flashazos*, salí del salón de la conferencia de prensa al vestíbulo, donde ya nos esperaban los meseros con unos deliciosos canapés y charolas con vino y jaiboles.

Varios grupos de periodistas se acercaron para obtener más información sobre el láser, algunos me pidieron que les autografiara la foto en la que aparecía con el modelo del primer láser (que por cierto no era el primero, sino uno de mayores dimensiones), otros me pidieron que posara para la foto. Algunos empezaban a escuchar mis explicaciones pero al cabo de un rato perdían el hilo y se retiraban lentamente. Otros echaban a volar la imaginación, como si estuvieran reescribiendo *La gue-*

rra de los mundos. Los más trataban de aportar ideas y felicitarme por mi logro. Yo me encontraba como un pavorreal, no podía estar más contento, aunque trataba de aparentar ecuanimidad. Al cabo de media hora de charla, el vino ya había surtido sus efectos y me encontraba un poco alegre y acalorado.

Saliendo del edificio del *Times*, me invitó a comer la directora de la sección de ciencia del *Times* con algunos periodistas. Fuimos a un bar en el que servían una botana de mejillones, trucha ahumada y palmitos, realmente deliciosa.

Después de la botana, como sucede en los buenos bares, ya no se antoja comer nada; la plática y el ambiente se llevan las horas. Cuando me di cuenta ya eran las siete de la noche. Me despedí efusivamente de todos los comensales y me dirigí al hotel Holiday Inn, que quedaba a un par de cuadras, donde tenía reservado un cuarto.

Llegué a mi habitación, una suite especial que me habían preparado los del *Times*, y me esperaba una botella de champaña bien fría. Como el día había estado muy agitado, estaba bastante cansado, así que me tiré en la cama y prendí la televisión para ver las noticias de la noche. Cuando me vi en la pantalla y escuché algunas de mis palabras, me quedé pensando que podía haber sido un poco más explícito y que las cámaras de televisión no me favorecían mucho. Debía descansar porque a la mañana siguiente me esperaba una conferencia en la Universidad de Columbia, para los alumnos de las carreras de ciencias.

Me quedé dormido en la cama hasta las dos de la madrugada. De pronto me desperté y me di cuenta de que me había dormido con la ropa puesta y la televisión encendida. Me desvestí rápidamente, pasé al baño a lavarme los dientes, apagué la televisión, la luz de mi mesilla y me dormí profundamente.

2

¿De la excitación a la estimulación?

La luz del láser es de un solo color y si encimamos cada una de las ondas que la componen coinciden las crestas con las crestas y los valles con los valles.

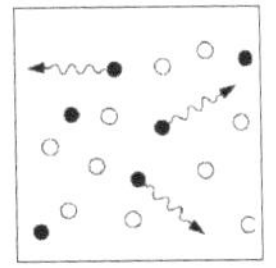

A las 7 A.M. sonó el teléfono. Era el despertador del hotel. Le di las gracias a la operadora y me fui lentamente hacia el baño. Cuando salí, el panorama había cambiado radicalmente, me encontraba fresco como una lechuga.

Bajé a desayunar y me esperaban algunos colegas que habían organizado la conferencia en la universidad. Me acompañaron a desayunar y me preguntaron qué necesitaba para la conferencia. Les dije que con un proyector de transparencias y un buen micrófono era más que suficiente.

Al acabar el desayuno me despedí de los organizadores porque debía hacer algunas compras en el centro. Quería conseguir una edición reciente de la autobiografía de Albert Einstein, en la que me habían contado que mostraba algunas de sus convicciones personales. Y también quería conseguir el disco de un grupo llamado Los Beatles, que había causado conmoción entre las jóvenes inglesas.

Después de lograr mis objetivos, me metí a comer un sandwich de roast beef en la calle 7, con una buena cerveza Corona. Mientras comía hojeaba mi libro de Einstein.

Después de la comida me dirigí al hotel, porque pasarían por mí a las 4:45 h para ir al auditorio de la universidad.

Al entrar me presentaron y en lugar de un salón de clases común me encontraba ante un auditorio de unos quinientos estudiantes que me recibieron con un caluroso aplauso.

—Muchas gracias. Espero que esta plática les resulte agradable.

"Primero que nada, trataré de explicar en qué consiste la luz del rayo láser. Cuando observamos la luz de un foco común y corriente, estamos viendo rayos de luz que se propagan en todas direcciones y algunos llegan a nuestra retina. Estos rayos en realidad son ondas electromagnéticas compuestas por unas diminutas partículas llamadas fotones. —Por favor, la primera transparencia, gracias (véase la figura 2).

"Aquí se observan las características físicas de una onda de luz. Las partes altas de la onda se llaman *crestas*, y las bajas *valles*. La distancia que hay entre la parte más alta de dos valles o de dos crestas —que es la misma— se llama *longitud*

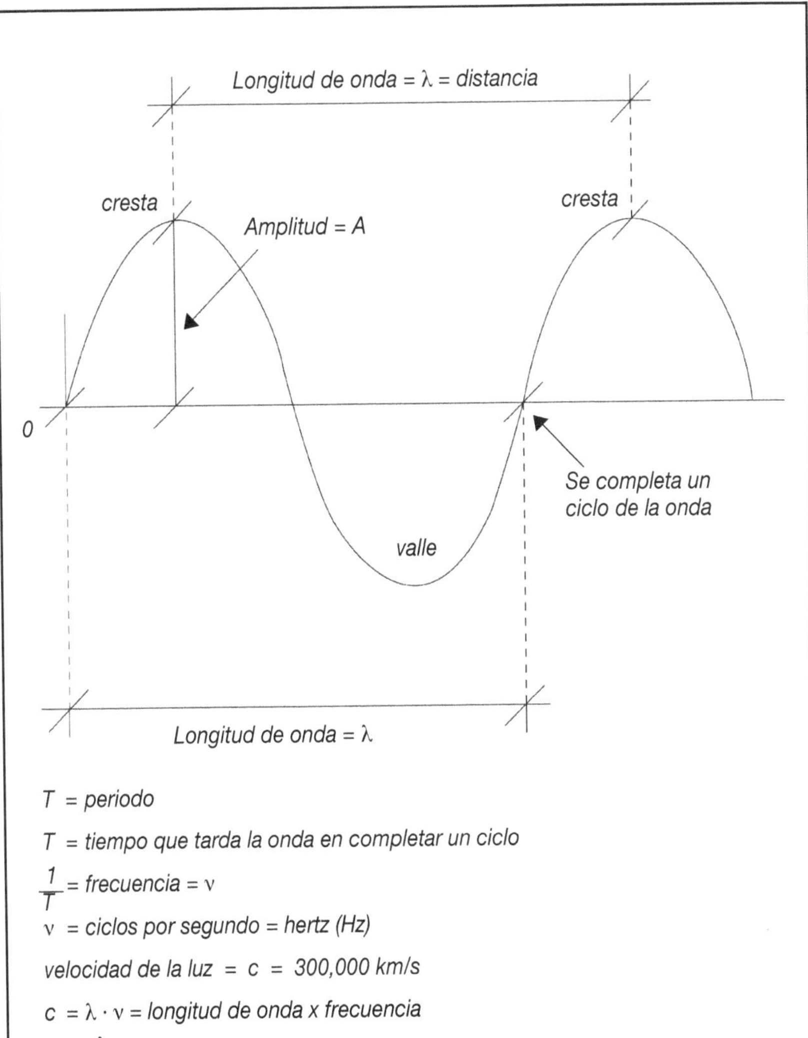

T = periodo

T = tiempo que tarda la onda en completar un ciclo

$\frac{1}{T}$ = frecuencia = ν

ν = ciclos por segundo = hertz (Hz)

velocidad de la luz = c = 300,000 km/s

$c = \lambda \cdot \nu$ = longitud de onda x frecuencia

$c = \frac{\lambda}{T} = \frac{\text{longitud de onda}}{\text{periodo}}$

$A^2 = I$ = intensidad de la onda

Figura 2. Características de una onda de luz.

de onda y en física se designa por la letra griega lambda (λ). Por otro lado, la mitad de la distancia vertical máxima entre una cresta y un valle (véase la figura 2) se llama *amplitud de onda* (A).

"La velocidad de un coche, por ejemplo, se calcula dividiendo la distancia, medida en kilómetros, entre el tiempo, medido en horas. Una onda de luz también tiene una velocidad, sólo que en este caso la velocidad es igual para todas las ondas en el vacío y es de 300,000 kilómetros/segundo (km/s); en otras palabras, la velocidad de la luz es una constante universal y se designa con la letra c. Ahora bien, en el caso de las ondas de luz, la distancia equivale a la longitud de la onda y el tiempo es el que tarda en completar un ciclo. Si esto lo escribimos con símbolos matemáticos:

$$\text{c (velocidad de la luz)} = \frac{\lambda \text{ (longitud de onda)}}{\text{T (periodo en que la onda completa un ciclo)}}$$

Finalmente, el inverso del periodo en que la onda completa un ciclo son los ciclos que completa la onda por cada segundo de tiempo, los ciclos por segundo que no son otra cosa que los hertz (1 ciclo por segundo = 1 hertz). Esta última cantidad se denomina frecuencia (y se designa con la letra ν) y ustedes habrán escuchado que cada estación de radio tiene una frecuencia característica que se mide en kilohertz o megahertz. A partir de la explicación anterior la velocidad de la luz es igual a la longitud de la onda multiplicada por la frecuencia (es decir, $c = \lambda \cdot \nu$).

"Ahora regresemos a la luz de un foco común. Éste emite ondas de diferentes longitudes de onda (λ) y, por lo tanto, en diferentes frecuencias (ν). Si pudiéramos medir la longitud de onda con una regla y encontráramos que mide 0.000000622 metros, se trataría de una onda de luz roja; si midiera 0.000000455 m, sería entonces una onda de luz violeta; y así, dependiendo de la longitud de onda, la luz será de un color o de otro, entre todos los colores que existen. En la transparencia (véase la tabla 1) se pueden observar las longitudes de onda de los diferentes colores.

Tabla 1. Longitud de onda y frecuencia de los colores (en el vacío).

Color	*Longitud de onda* λ *(nm)*	*Frecuencia* ν *(THz)*
Rojo	*780-622*	*384-482*
Naranja	*622-597*	*482-503*
Amarillo	*597-577*	*503-520*
Verde	*577-492*	*520-610*
Azul	*492-455*	*610-659*
Violeta	*455-390*	*659-769*
Infrarrojo	*780-1,000,000*	*$3X10^{11}$Hz-$4X10^{14}$Hz*
Ultravioleta		*$8X10^{14}$Hz-$3X10^{17}$Hz*

nm= nanómetro
THz= terahertz

1 terahertz (THz)= 10^{12}Hz= 1,000,000,000,000 hertzs (ciclos por segundo)
1 nanómetro= 0.000 000 001 m
1 micrómetro= 1 micra= 10^{-6} = 0.000001 m

"Pero ahora ustedes se preguntarán, ¿qué tienen que ver tantos colores con la luz de un foco común y corriente? Si pintan un círculo con los diferentes colores y le dan vueltas, observarán que se ve de color blanco; éste no es otra cosa que un disco de Newton. La mezcla de todos los colores da el color blanco. Por esta razón la luz de un foco se ve blanca. Pero toda esta introducción sólo ha servido para explicar una de las propiedades del rayo láser: la luz que emite es de un solo color, es decir, monocromática.

"Ahora pasemos a otro punto. Otra característica muy importante del rayo láser es que la luz que emite es coherente, lo que equivale a decir que las ondas de un rayo láser están en fase. Esto significa que si encimamos cada una de las ondas del rayo láser, coincidirán las crestas con las crestas y los valles con los valles. En la transparencia se puede apreciar mejor esta propiedad (véase la figura 3).

"Seguramente habrán observado que cuando arrojan una piedra a un estanque, se forman una serie de anillos concéntricos que no son otra cosa que la onda que ha generado la piedra. Cuando estos anillos chocan con el borde del estanque pueden perderse o bien regresar hacia el lugar donde se lanzó la piedra. Si los anillos se pierden, en física decimos que ha habido interferencia destructiva; cuando esto ocurre, la cresta de una onda coincide con un valle y si sumamos una cresta con un valle nos daría una recta, es decir, no se forma ninguna onda, se cancela el efecto de la onda. En cambio, si coincide una cresta con otra y, por lo tanto, un valle con otro, se dice que hay interferencia constructiva, se suman los efectos de las ondas y resulta una onda amplificada al doble del tamaño original. Este último caso es el que se presenta en las ondas de los rayos

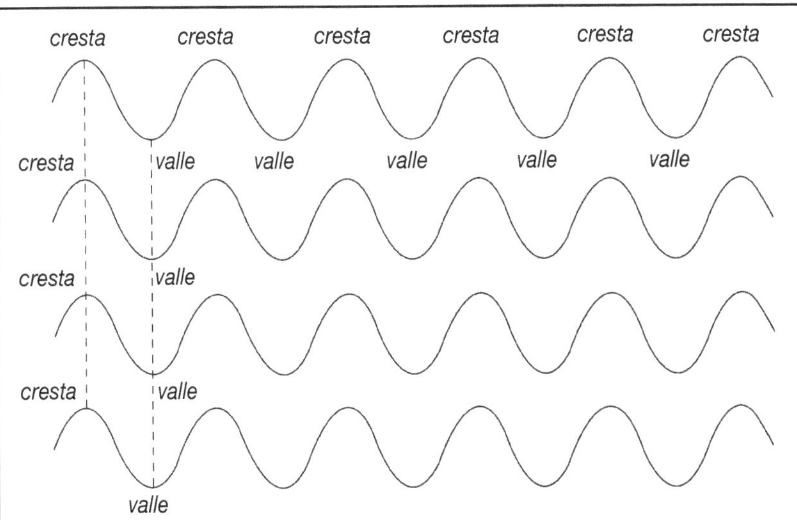

Cuando las ondas están en fase, como es el caso de la luz láser, coinciden las crestas con las crestas y los valles con los valles. A esta propiedad se le denomina coherencia.

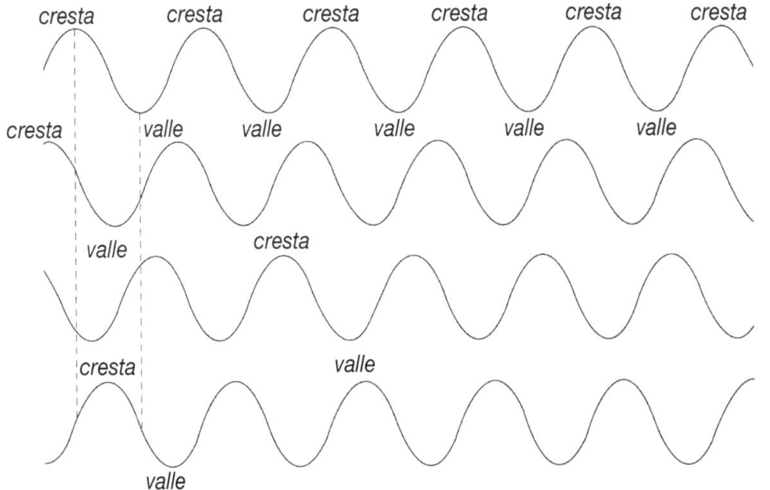

Cuando las ondas no están en fase (desfasadas), como es el caso de la luz de un foco, ni coinciden las crestas con las crestas, ni los valles con los valles.

Figura 3. Fase de las ondas.

láser y por esta razón se dice que su luz es coherente y sus ondas están en fase, porque coinciden las crestas y los valles de todas las ondas. Si estuvieran desfasadas como en el caso de la luz de un foco, no coincidirían las crestas y los valles. En la misma transparencia se pueden apreciar estas diferencias.

"En la práctica, la situación es un poco diferente; la luz del rayo láser sólo es coherente a lo largo de una distancia determinada. En otras palabras, sólo durante cierta distancia las crestas y los valles de las ondas coinciden, están en fase; después de esta distancia, que puede ser de algunos metros, ya no coinciden las crestas y los valles de las ondas, se desfasan. Por ello, se ha acuñado el término longitud de coherencia de un láser, que no es otra cosa que la distancia máxima en la que las ondas de luz están en fase. Aquí es donde entra en juego la tecnología y el mercado. Un láser muy complejo y por lo tanto más costoso será capaz de proporcionar una longitud de coherencia más grande que uno menos complejo, con menor longitud de coherencia, y por lo tanto más barato.

"El foco común, por ejemplo, tiene una longitud de coherencia tan pequeña que para todo fin práctico es despreciable. Es decir, las ondas de un foco común no están en fase o en otras palabras no son coherentes.

"Otra propiedad del rayo láser es la direccionalidad. La luz del láser viaja en línea recta a lo largo de una distancia muy grande sin dispersarse, debido a que se produce entre dos espejos paralelos a un eje. Si observan la luz de una linterna, verán que se forma un cono de luz que se agranda conforme aumenta la distancia. En cambio, aun cuando la luz del láser recorra una distancia muy grande, se sigue observando un punto en el extremo donde llega.

"Otra propiedad del rayo láser es la potencia. En éste, los átomos estimulados producen luz más rápido que en condiciones normales. Como la luz se ha amplificado y al recorrer una gran distancia no se "abre", se concentra en un punto, por lo que se pueden alcanzar potencias muy elevadas.

"Para resumir, las propiedades fundamentales de la luz que sale de un rayo láser son:

1) Es monocromática, es decir, de un solo color;
2) Es coherente, es decir, está en fase;
3) Es direccional, viaja en línea recta sin "abrirse", por la forma en que se produce;
4) Es potente, porque los átomos estimulados producen más luz, se han amplificado las ondas de luz y, además, ésta se concentra en un punto.

"Hasta ahora sólo he mencionado las características fundamentales de la luz de un rayo láser, sin embargo, ustedes se preguntarán cómo fue posible obtener una luz con estas características.

"La historia se remonta a la segunda década de este siglo, 1917 para ser precisos, cuando Albert Einstein propuso teóricamente en un artículo sobre la radiación de cuerpo negro el fenómeno de la amplificación de luz por emisión estimulada de radiación. Para comprenderlo, nuevamente tendré que explicar —aunque sea brevemente— algunos principios fundamentales.

"Primero que nada tendremos que hacer un viaje al mundo atómico. Ahí, los átomos están formados por un núcleo constituido por protones y neutrones (con excepción del hidrógeno común que únicamente tiene un protón) y alrededor del núcleo se encuentran los electrones. Una analogía muy simple sería que el Sol es el núcleo del átomo y los planetas son los electrones que giran alrededor del núcleo. Esta analogía la propuso Ernest Rutherford y la realizó desde la física cuántica el físico danés Niels Bohr.

"En realidad, en el mundo atómico los electrones no se pueden localizar con la misma precisión que los planetas y sólo existe una probabilidad alta o baja de encontrarlos en un lugar determinado.

Ernest Rutherford. (Foto cortesía Universidad de Frankfurt.)

Niels Bohr. (Foto cortesía Universidad de Frankfurt.)

"Por otro lado, tenemos que la luz es una onda de electricidad y magnetismo compuesta de unas partículas que se llaman fotones y que viajan en el vacío a 300,000 km/s, la velocidad de la luz, que es la más alta que se puede alcanzar en el Universo. La energía que poseen los fotones se manifiesta en forma de paquetes de energía o cuantos. Así, por ejemplo, un foco no emite continuamente luz sino cantidades finitas e iguales, y por lo tanto discretas, de energía. Para entender mejor esta propiedad, imaginemos que de una manguera salen pelotas de ping-pong, en lugar de agua; estaríamos entonces observando un fenómeno discreto, dado que al suelo llegaría primero una pelota, posteriormente no llegaría nada, después otra, y así sucesivamente. Algo similar ocurre con los fotones. La energía de un rayo de luz depende de la frecuencia de dicha onda de luz y del medio en el que se propague. La luz violeta tiene más energía que la roja; los rayos X, más que las ondas de radio o televisión; la luz de un foco común, más que las microondas. Para resumir, la energía de un fotón depende de su frecuencia. En física atómica la energía de los átomos es igual al producto de la frecuencia por una constante llamada constante de Planck que matemáticamente se expresa: $E = h\nu$.

"He hablado de átomos y fotones. ¿Por qué? Porque ahora trataré de explicar lo que sucede cuando un rayo de luz, compuesto por fotones, choca con un átomo.

"Sólo diré antes de empezar que en el mundo atómico los electrones se encuentran en diferentes órbitas y únicamente pueden pasar de una órbita a otra, pero nunca permanecer a la mitad del camino. Esta importante propiedad del mundo de los átomos se conoce como la cuantización del átomo, que se estudia en la física cuántica. Y como los electrones se pueden encontrar sólo en ciertas órbitas permitidas, dependiendo del tipo de átomo del que se trate, la energía de los átomos también está cuantizada.

"Supongamos, regresando a la analogía del Sistema Solar, que un átomo tiene un electrón que está girando como lo haría Mercurio alrededor del Sol. En ese caso diremos que el átomo se encuentra en el estado base o normal. Si luego nos encontramos con el mismo átomo pero ahora el electrón está girando en la órbita de Venus, el átomo estará en un estado excitado, porque el electrón ha pasado de una órbita inferior (la de Mercurio) a una superior (la de Venus). Y si el electrón estuviera en la órbita de la Tierra, el átomo estaría en un estado excitado con su electrón en una órbita más alta.

"Ahora bien, cuando el electrón se encuentra en el estado base o normal, está en el nivel de energía mínimo; mientras que cuando se halla en órbitas superiores o en estado excitado, su energía es cada vez mayor. La energía atómica varía según el nivel de las órbitas en que se encuentren los electrones: mientras más alto sea ese nivel mayor será la energía del átomo.

"Así pues, en el mundo atómico los electrones sólo pueden estar en ciertas órbitas. Pueden saltar de una órbita a otra, tienen un comportamiento cuántico, pero no pueden encontrarse en puntos intermedios entre órbita y órbita. En el mundo macroscópico esto no ocurre; podemos, por ejemplo, calcular en todo momento dónde está una nave espacial como el Voyager que pasó cerca de Urano y Neptuno y ahora ha salido del Sistema Solar. En el mundo de los átomos, el Voyager tendría que pasar a saltos de la órbita de Marte, a la de Júpiter, de la de Júpiter a la de Saturno, y así sucesivamente.

"Cuando un rayo de luz y por lo tanto un fotón choca con un átomo pueden ocurrir varias cosas:

"1) Que el electrón del átomo absorba un fotón y pase a una órbita superior, es decir, que el átomo se encuentre en un estado excitado. Esto sólo puede ocurrir si el fotón tiene la frecuencia apropiada, en caso contrario no sucederá nada cuando el fotón choque con el átomo.

"2) Que el átomo se encuentre en un estado excitado y que cuando choque un fotón con la frecuencia apropiada se emitan dos fotones de la misma frecuencia que el fotón original y, además, que las ondas correspondientes estén en fase con la del fotón original. Este segundo caso es el que se denomina emisión estimulada de radiación.

"La palabra radiación se refiere a que una partícula cargada que es acelerada produce una onda electromagnética o, en otras palabras, fotones. Éstos pueden ser desde rayos X hasta microondas, ondas de radio o televisión, pasando por la luz visible. La emisión estimulada se refiere a que al hacer que un fotón choque con un átomo excitado se ha estimulado la emisión de dos fotones. Como la emisión estimulada ocasiona la amplificación de la luz visible, de las microondas, de los rayos X o de cualquier parte del espectro electromagnético (en la tabla 2 se puede apreciar este espectro), que no es otra cosa que una tabla de diferencia de frecuencias entre los fotones, se habla de amplificación de luz por emisión estimulada de radiación (en inglés, las siglas de LASER) o de amplificación de microondas por emisión estimulada de radiación (en inglés, las siglas de MASER).

"Tanto en el primer caso como en el segundo, si el electrón de un átomo se encuentra en una órbita superior, es decir, en un estado excitado, cuando el electrón pasa al estado base o normal emite un fotón. La única diferencia es que la emisión de dicho fotón puede ser espontánea, en un caso, y estimulada, en el otro.

"La situación más común en todos los materiales es que si se hace incidir un rayo de luz de la frecuencia apropiada para

Tabla 2. Espectro electromagnético.

	ν Frecuencia (hertz)	λ Longitud de onda (metros)	E Energía (electrón-volts)	Radiación
	10^{22} 10^{21}	10^{-13}	10^{8} 10^{7}	RAYOS GAMA
	10^{18}	10^{-10} 1A^{0} 10^{-9} = 1nm	10^{6}=MeV 10^{5} 10^{4}	RAYO X
	10^{15}		10^{3}=1keV 10^{2}	ULTRAVIOLETA
			1 eV	VISIBLE
1 THz (terahertz)	10^{12}	10^{-3}=1 mm	10^{-1} 10^{-2} 10^{-3}	INFRARROJO
1 GHz	10^{9}	10^{-9}=1 cm	10^{-4} 10^{-5}	MICROONDAS
(gigahertz) 1 MHz (megahertz) 1 KHz (kilohertz) 1 Hz	10^{6} 10^{3} 10^{0}	10^{0}=1m 10^{-3}= 1 km 10^{6}=1 mm	10^{-6} 10^{-7} 10^{-8} 10^{-9} 10^{-10} 10^{-11} 10^{-12} 10^{-13} 10^{-14} 10^{-15}	Radar VHF (frecuencia ultra alta) VHF (TV) FM UHF (frecuencia muy alta) Transmisión de radio RADIOFRECUENCIA

que el electrón pase a una órbita superior y por tanto el átomo se encuentre en un estado excitado, entonces el átomo absorberá uno o varios fotones, según sea el caso y, posteriormente, el átomo emitirá espontáneamente uno o varios fotones para regresar a su estado base o normal. Incluso si los átomos se encuentran en estado excitado, absorberán un fotón para colocarse en un estado "doblemente" excitado y, después, emitirán espontáneamente dos fotones para regresar al estado de mínima energía, base o normal. Dicho de otra forma, el proceso de absorción predomina en la mayoría de los casos.

"Para conseguir la emisión estimulada se necesitan varias condiciones. Primero, que la luz tenga una frecuencia apropiada para excitar los átomos del material, haciendo pasar al electrón a órbitas superiores. Ahora, si antes de que dicho átomo pase al estado base se hace chocar otro fotón contra el mismo átomo, éste pasará a un estado "doblemente" excitado en un nivel superior de energía. Si ese mismo átomo pasa a un nivel intermedio de energía, todavía excitado, se emitirá un fotón. Y dicho fotón puede chocar con un segundo átomo para lograr excitarlo.

"Ahora bien, si con el choque de fotones externos de la frecuencia adecuada y multiplicando el efecto de los choques con dos espejos paralelos colocados a ambos extremos del material (como se puede observar en la figura 4) se puede lograr que cada vez haya más átomos en estado excitado, llegará un momento en que éstos serán más abundantes que los átomos en estado base; entonces se dice que ha ocurrido una *inversión de población*. A partir de ese momento se logrará que salgan más fotones de los que se necesitaron para iniciar la excitación de los átomos, de ahí el nombre de inversión de

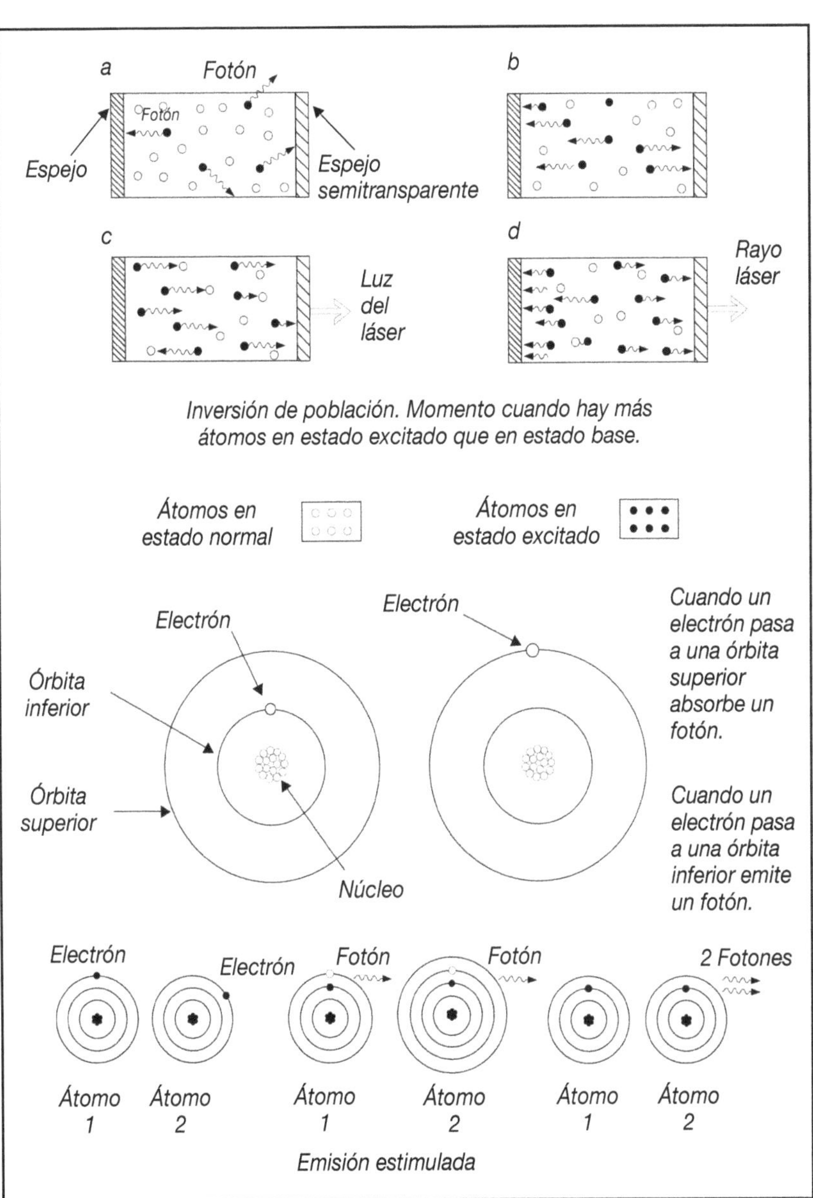

Figura 4. Diagrama esquemático de los principios de operación de un láser.

población. Entonces se inicia la producción de fotones en cascada, con las características del rayo láser: todos los fotones son de la misma frecuencia, por lo tanto de un solo color, monocromáticos, y las ondas que los caracterizan están en fase, es decir, son coherentes.

"De lo anterior puede deducirse que este proceso es equivalente a la amplificación de una señal de radio: la señal inicial es débil pero al amplificarla conserva toda la información inicial, sólo que ahora tiene potencia. En el caso del láser se trata de amplificación de luz, porque la "información" de los fotones (frecuencia y fase) se transforma en una cascada de fotones con la misma frecuencia y fase que los fotones originales, pero ahora de gran potencia. Con ello, se logran las condiciones para que se produzca la luz de un láser.

"Si a lo anterior añadimos que uno de los espejos que colocamos a ambos lados del material (en la figura 4 se aprecia mejor) es semitransparente, entonces podremos lograr que salga del espejo un haz de luz muy fino y potente que viaja en línea recta durante distancias muy grandes.

"Hasta ahora he tratado de explicar cuáles son los principios del rayo láser. Ahora describiré el primer láser de esta historia que espero que no termine.

"El láser que acabo de construir está hecho de rubí sintético, es decir, óxido de aluminio (Al_2O_3) con un 0.05% de impurezas de óxido de cromo (Cr_2O_3). Los átomos de cromo son muy sensibles a la luz verde azulada de una longitud de onda de 560 nm (nanómetros). Por esta razón utilicé una lámpara de destello de magnesio para excitar a los átomos de cromo presentes en el rubí sintético; el destello de la lámpara lo producía la descarga de un poderoso capacitor cargado previamente.

"En mi láser utilicé una barra cilíndrica de rubí de aproximadamente 5 cm de largo y 0.5 cm de diámetro. La barra tenía dos espejos a cada lado, uno de ellos semitransparente para permitir la salida de luz. La lámpara de magnesio rodea a la barra de rubí como un resorte (hélice) para aumentar la eficiencia en la producción de átomos excitados de cromo (en la figura 5 se puede apreciar mejor la distribución de cada parte).

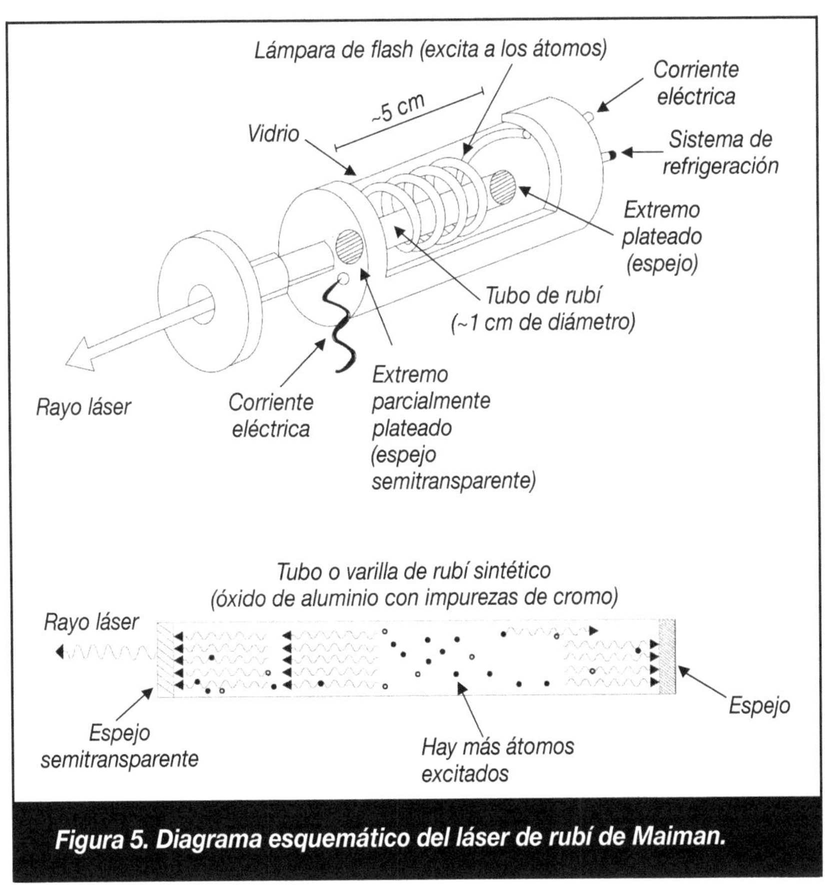

Figura 5. Diagrama esquemático del láser de rubí de Maiman.

A nivel atómico lo que sucede es lo siguiente: la luz de magnesio hace que los átomos de cromo pasen al tercer nivel de energía. Cuando los electrones de los átomos de cromo pasan al segundo nivel de energía, estado excitado, que se denomina metaestable, la barra de rubí se calienta mucho y no se consigue obtener un rayo láser. Por ello, tuve que introducir un sistema de refrigeración, para evitar que la varilla se rompiera. Cuando logré esto, los electrones pasaban ahora del estado metaestable, segundo nivel, al estado base, primer nivel. Fue entonces cuando obtuve por primera vez un pequeñísimo pulso de luz láser (cuya duración fue de sólo tres diezmilésimas de segundo). La luz era de color rojo pálido y al medir su longitud de onda resultó ser de 694 nm. ¡Había logrado un pulso de rayo láser!".

3

La coherencia de Pam

El holograma es una imagen en tres dimensiones que está grabada en una película fotográfica y se produce utilizando el láser.

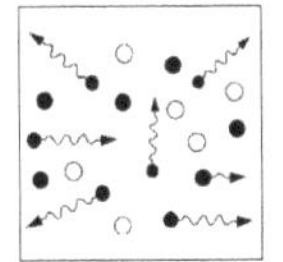

Después de dos días de intenso trabajo, en los cuales, debo decirlo, me sentí ampliamente recompensado por el éxito de mi invento del primer rayo láser, regresé en el primer avión que pude al otro extremo del país, Los Ángeles, en donde recogí mi coche que había dejado en el estacionamiento y me dirigí a Malibú. Cuando el viento de la costa californiana llegó a mi cara sentí que estaba nuevamente en casa y la tensión del trabajo desapareció inmediatamente.

Al mediodía llegarían Charles Townes y Arthur Schawlow, que ahora eran cuñados, porque la hermana de Townes se había casado con Arthur, hoy señora Schawlow. ¿Quién lo iba a decir? Dos de los pioneros del láser ahora eran parientes. Todo quedaría en familia.

Antes de llegar a la casa pasé al supermercado a comprar provisiones suficientes para todo el fin de semana. Al llegar a mi casa me di cuenta que había comprado comida y bebida para un regimiento. Tuve que cargar doce pesadas bolsas hasta la cocina. Afortunadamente Ann, la mujer que me ayudaba en los quehaceres domésticos, salió en mi auxilio.

Tuve poco tiempo para revisar la correspondencia que había llegado en mi ausencia, mientras Ann me leía la lista de las personas que habían llamado. En su mayoría se trataba de colegas que me felicitaban por el rayo láser.

Mientras revisaba las cartas y los telegramas me detuve en uno que decía lo siguiente: "Harold, creo que tus reparaciones de aparatos eléctricos te han llevado por la senda de la gloria. ¡Un fuerte abrazo y felicidades! Tu padre". Casi se me salen las lágrimas, al recordar que yo me había pagado mis estudios en Colorado, arreglando artículos eléctricos, gracias a la enseñanza de mi padre que era ingeniero eléctrico.

Ann interrumpió mis lecturas para preguntarme qué menú le ofrecería a mis huéspedes. Después de meditarlo un momento, lo dejé todo en sus manos, lo cual pareció complacerla.

Subí a mi cuarto para cambiarme y ordenar mis pertenencias, cuando de pronto sonó el timbre. Bajé rápidamente las escaleras para recibir a mis invitados.

—¡Hola, Theodore!

—¡Qué gusto que hayan venido! Hola, Arthur, Charles, señoras. No se queden ahí. ¡Pasen, por favor!

—No sólo hemos traído a nuestras respectivas damas, sino que además hemos tenido el atrevimiento de traer una amiga.

—Te presento a Pam Brazier —dijo Charles—, amiga de la familia.

—¡Mucho gusto! Qué bueno que hayas venido. Bienvenida.

Al saludarla, la mirada que le dirigió Arthur a su esposa me indicó que no era muy bueno para ocultar mis sentimientos. ¡Pam estaba guapísima! Tenía las cejas negras y pobladas, ojos claros, pelo negro ligeramente ondulado y unos labios simple y sencillamente apetitosos.

—Bueno, como sabes, mañana es 11 de julio, tu cumpleaños, así que estamos preparados para todo —bromeó Arthur.

—Sí —respondí—, y ahora parece que me crucificarán (me refería a los 33 años que cumpliría). Por favor, pónganse cómodos. ¿Qué les ofrezco?

—Lo que quieras.

Le pedí a Ann que trajera una botana y unos sandwiches de jamón con lechuga a la terraza mientras preparaba unas bebidas.

Pam se levantó para observar la habitación. De repente se detuvo en los discos y empezó a mirarlos detenidamente.

—¿Te gusta la música? —pregunté.

—Sí, y mucho. Ya veo que tienes una verdadera colección de discos. ¿Tienes alguno de Miles Davis?

—Claro que sí, ¿como qué se te antoja escuchar?

—¿Tienes uno que se llama Workin' con el quinteto de Miles Davis? Ahí viene una canción que se llama *It Never Entered My Mind*, en la que toca con Coltrane, que me gusta mucho.

—Sí, creo que sí, déjame buscarlo.

Empecé a buscar entre todos los discos, cuyo orden sólo yo conocía. Para mis adentros pensaba que si no tenía el disco estaba perdido. Después de una búsqueda que duró unos minutos finalmente apareció.

—Aquí está. Creo que me han desordenado mis discos —fingí.

Invité a todos a pasar a la terraza, mientras llegaba la comida. Mis invitados se dieron cuenta de que lo único que me interesaba era platicar con Pam, así que sin perturbar aceptaron mis deseos.

—¿Estudias o trabajas? Creo que es la pregunta más obvia que pude hacer, ¿verdad?

—Trabajo en Nueva York, soy actriz y modelo. Gano bien, no me quejo. Sin embargo, creo que la mayoría de las personas piensan que una modelo es una persona descerebrada, que lo único que puede ofrecer es su cuerpo y su belleza. Realmente es una imagen deformada, por lo menos en lo que a mí se refiere. No tengo una gran cultura, pero sí te puedo decir que además de leer y escuchar música, me gusta mucho la ciencia y es una de las razones por las que acepté venir aquí.

—Me da mucho gusto. Para ser sincero quiero decirte que yo sí creo que a la mayoría de las modelos lo único que les interesa es vender su cuerpo y a un precio muy alto. En verdad, me parece que algunas cultivan la cultura de la frivolidad. Y no sólo eso sino también las apariencias. En esto último los científicos somos lo opuesto. La imagen social que se tiene del científico también está deformada. Un gran número de personas cree que el científico es un ente desarreglado, con el cual no se puede hablar más que de ecuaciones que nadie entiende y lo que es peor que es un ser asexual.

—Bueno, creo que sí. Cuando Arthur me invitó a pasar el fin de semana en Malibú, para no faltar a la verdad, creí que me encontraría con un individuo con las características que señalas. Y para ser sincera creo que la primera "cualidad" sí va contigo. Espero que no te ofendas; sin embargo, creo que en el fondo no preocuparse excesivamente por la forma de vestir es finalmente una virtud. No porque no importe la belleza, sino precisamente porque la belleza se encuentra tanto en el cuerpo como en el cerebro y no en la ropa que llevas puesta.

—Después de las flores que me echaste, no me refiero a la ropa, sino a las otras dos características, ¿qué te parece si vamos a dar una vuelta por la playa?

—De acuerdo, sólo que necesito cambiarme. ¿Tienes alguna habitación disponible?

—Sí, ven por acá.

La llevé al cuarto que se hallaba junto al mío, y bajé rápidamente las escaleras para encontrarme con mis amigos.

—¿Me puedes explicar, Theodore, a qué hemos venido? —me preguntó la hermana de Townes en tono de broma.

—A dar una vuelta por una playa como las que no conocen. Acuérdense de que están en California, donde sí hay sol. ¿Por qué no se van a poner su traje de baño y después regresamos a comer?

Por un momento me quedé sorprendido de mi rapidez para salirme por la tangente, ojalá así fuera para responderles las dudas a mis alumnos. Me cambié rápidamente, con lo primero que encontré a mano, no sin antes dudar por los comentarios de Pam, sobre cómo me vería con mis andrajos.

Salimos en grupo a caminar por la playa. Charles tenía un color transparente, típico de investigador neoyorquino y trabajador, que no tiene tiempo para asolearse; creo que le harían bien unos cuantos rayos ultravioleta.

Al principio del trayecto traté de ocultar mis negras intenciones de perderme con Pam y abandonar por un momento a mis amigos. Sin embargo, mi tacto de dinosaurio no hizo más que delatarme. Nuevamente, la comprensión de mis acompañantes me dejó el camino abierto.

Pam y yo nos fuimos alejando poco a poco del resto del grupo. Rompí el silencio:

—¿Te gusta la casa?

—Sí, es muy bonita. Corresponde al sueño de cualquier persona. Una casa con vista a la playa, con una gran terraza, para poder concentrarse y escribir lo que a uno le plazca sin la más mínima presión de la vida citadina. Sólo te falta tu perro y tu pipa.

Como la mejor defensa es el ataque, tomé a Pam de la cintura, esperando desde un alejamiento violento hasta un insulto por mi excesiva confianza, y permanecí totalmente callado.

La respuesta de Pam me dejó perplejo. Extendió su mano y apretó mi cintura, sin decir una sola palabra. En ese momento mi preocupación se centró en lo que dirían Charles y Arthur: "el rápido del oeste", "amor a primera vista"; o tal vez las mujeres les dirían a sus maridos "no me dejes sola con Theodore", o en tono de compasión "este muchacho está muy solo".

Por un instante, me sentí ante las cámaras de televisión, juzgado ácremente por mis invitados.

De pronto me armé de valor para voltear hacia atrás y todas mis conjeturas se vinieron abajo. Mis acompañantes habían decidido caminar en sentido contrario.

Después de unos minutos de silencio, Pam me preguntó si no era adecuado que regresáramos para preparar la comida. Le respondí que si ella tenía hambre con todo gusto.

—No, por mí está bien —respondió.

La invité a sentarnos un momento en la playa y accedió de buena gana. Hay momentos en que sobran las palabras, así que decidí acercarme a ella y besarla. Tal vez el miedo que se siente en una situación como ésta es muy difícil de explicar. El tiempo se dilata y se contrae y aquí no hay leyes físicas que valgan. Todo depende de dos. Es una interacción de dos cuerpos en la que se desconocen las condiciones iniciales del contrario.

Después de besarla durante unos minutos, Pam me pidió que regresáramos a la casa.

En el trayecto de regreso, no podía ocultar mi felicidad. Nos metimos al mar y obviamente Pam era una excelente nadadora. Llegamos a la boya más cercana y nos quedamos un rato ahí para reponer el aire. Al salir nos secamos rápidamente y empezamos a correr para que el frío desapareciera más rápido. Al cabo de 10 minutos nos encontramos con el resto.

—¿Qué les parece si preparamos unas carnes asadas en la terraza? —pregunté.

—Magnífico —respondió Charles—. ¿Qué tal la caminata?

—Excelente —contesté—. ¿Por qué no habían traído antes a Pam?

—No siempre puedes obtener lo que quieres —respondió Arthur—, pero... si tratas.

Nos sentamos todos en la terraza y empezamos a asar la carne. Mientras tanto les contaba a mis invitados sobre la conferencia de prensa que había dado y la charla en la Universidad de Columbia.

Después de que cada uno había asado su respectiva ración de chorizo, morcilla y carne, con su correspondiente dotación de cebollitas de Cambray, se hizo el silencio porque todos estábamos hambrientos. Una vez acabada la comida, la cual acompañamos de un vino delicioso, empezó la conversación de la sobremesa.

Pam, que estaba a mi lado, le pidió a Arthur Schawlow que contara la historia del láser.

—Bueno —accedió Arthur—, creo que la historia del láser es una historia que hoy empieza, porque apenas hace algunos días Theodore logró construir el primer láser. Lo que les contaré es cómo creo yo que fueron los antecedentes que dieron lugar a su invención, salvo mejor opinión de mis colegas.

"La historia comienza en 1917, cuando Albert Einstein, que parece estar en una buena parte de los descubrimientos científicos de este siglo, propuso teóricamente en un artículo de la revista alemana *Annalen der Physics* que podía presentarse el fenómeno de la emisión estimulada de luz. En 1928, R. Ladenberg verificó experimentalmente la propuesta de Einstein.

"Pasaron los años, hasta que en 1940 un estudiante de física de la Universidad de Moscú, V. A. Fabrikant, presentó en su tesis doctoral el concepto de inversión de población, que es el momento en que se logra que el material que produce el rayo láser posea más átomos en estado excitado que en estado normal. Y, por lo tanto, cuando se logra la inversión de población se consigue que haya más átomos con sus electrones en órbitas superiores y al caer dichos electrones a las órbitas inferiores emiten fotones, esto es luz, de las mismas características que los que iniciaron la reacción. En otras palabras, cuando se presenta la inversión de población se produce una especie de "reacción en cadena controlada" de fotones de idénticas características, cuyo resultado final es la luz del rayo láser.

"Para que se presente la inversión de población se necesita construir un amplificador de luz u óptico, en el cual también con luz se "bombea" a los átomos para que estén en estado excitado. Además de Fabrikant, mi cuñado Charles y yo lo propusimos en un artículo que publicamos en *Physical Review*.

"Pero una cosa es proponer que se puede hacer algo teóricamente, y otra muy distinta lograrlo. Afortunadamente, en física y química, al igual que ocurre en otras disciplinas de la ciencia, es necesario probar experimentalmente un fenómeno siempre que sea posible.

"En 1951 se realizó un coloquio de físicos en la ciudad de Washington; ahí Charles y yo compartimos la misma habitación del hotel."

—Sí —intervino Charles Townes—, y como tú no tenías hijos estabas acostumbrado a desvelarte y luego levantarte muy tarde.

"Fue precisamente una de las mañanas de ese congreso, en abril de 1951, cuando salí a caminar por el parque Franklin y, mientras descansaba en una banca, se me ocurrió la idea para lograr la amplificación de las microondas mediante emisión estimulada de radiación, el máser. Pero continúa con la historia Arthur.

—Gracias. Pues bien, no sólo a Charles se le ocurrió la idea del máser; el trabajo de Nikolai Gonnadievich Basov y

Alexander Mikhailovich Prokhorov, científicos soviéticos, también iba por el mismo camino.

"Charles Townes, este señor que está aquí sentado con ustedes, y dos de sus alumnos de la Universidad de Columbia: Herbert J. Zeiger y James P. Gordon, lograron construir en 1954 el primer máser, que consistía en un tubo con moléculas de gas amoniaco y dos espejos en sus extremos —uno de ellos semitransparente— donde producían ondas de 1.25 cm de longitud, es decir, microondas, que no son visibles. Así, en lugar del láser que hoy celebramos, Charles logró construir el máser. Quiero recalcarles que la idea de colocar dos espejos a ambos lados del material que se usa para el láser, aunque muy sencilla, es fundamental, porque permite que muchos fotones se reflejen en el interior del material y se produzcan más fotones de las mismas características. Es como si pusiéramos una pelota a rebotar entre dos paredes muy cercanas, nada más que en este caso se trata de fotones que son las partículas de las que está compuesta la luz.

"A partir de ese momento, muchos investigadores nos dimos cuenta de que si se podía hacer un máser, también sería posible construir el láser de Maiman. Pero la historia de estos últimos tres años es más tortuosa de lo que se imaginan.

"En septiembre de 1957, me habló Charles desde la Universidad de Columbia para invitarme a trabajar en el proyecto de un máser de luz visible, es decir, un láser. Yo ya no estaba en Columbia, sino como ustedes saben, en los Laboratorios Telefónicos Bell.

"Charles y yo nos pusimos a trabajar muy duro en el proyecto; sin embargo, como ustedes se imaginarán, había una competencia feroz. En noviembre de ese mismo año, el vecino del laboratorio de Charles que se llama Gordon Gould y que trabajaba con el doctor Polykarp Kusch, le habló por teléfono a Charles para pedirle información sobre la lámpara de talio que es muy importante para lograr la excitación de electrones en el láser, y yo creo que tomó las ideas de Charles para apropiarse nuestro descubrimiento. Afortunadamente Charles y yo tenemos la patente 2929922 de los Estados Unidos de Norteamérica, con fecha 30 de julio de 1958."

—Pero Gordon Gould —intervine— tiene también dos patentes del láser en Inglaterra, con fecha 6 de abril de 1959.

—Sí, pero son posteriores —respondió Charles.

—Bueno, pero ¿cuál es la versión de Gordon? —preguntó Pam.

—Te la explicaré yo —dije— que tal vez sea más objetivo. La versión de Gordon Gould es que como su maestro Kusch no aceptó su proyecto de tesis de doctorado para tratar de construir un láser, él decidió emprenderlo por cuenta propia. Él acepta que tomó las ideas del máser que propuso Charles; sin embargo, afirma que se le ocurrió la idea del láser antes que a Charles y Arthur y que en noviembre de 1957 empezó a escribir sus notas. Después de terminarlas, se las dio a un amigo que tenía una dulcería en Nueva York para que certificara su descubrimiento.

"Posteriormente, Gordon fue a ver a un abogado de patentes, pero se quedó con la impresión de que tenía que resumir demasiado sus descubrimientos para que los comprendieran y, por esta razón, los patentó hasta abril del año antepasado (1958). Finalmente, Gordon dice que él acuñó el término láser por primera vez.

—Lo único en lo que estamos de acuerdo es que a Gordon Gould se le ocurrió la palabra láser —señaló Arthur.

—Bueno déjame continuar —dije—. Una de las diferencias está en que Gordon Gould afirma que cuando habló por teléfono con Charles, él ya tenía escritas todas sus notas sobre el láser.

—Pero eso no es cierto —acotó Charles—. Yo creo que Gordon escribió sus notas a raíz de todo lo que le expliqué del láser cuando hablamos por teléfono. Además, hoy ya está la cosa en manos de los abogados. Por otro lado, ahora Gordon trabaja para el Pentágono. Desde la empresa TRG Inc. ha conseguido que le otorguen un millón de dólares para su proyecto, aunque sólo había solicitado la tercera parte. Parece que el Departamento de Defensa está muy interesado en los usos bélicos que se le puedan dar al láser.

"Lo curioso del caso es que Gordon tuvo una esposa que simpatizaba con el comunismo y, por lo tanto, también con el socialismo. Sin embargo, trabajó en el Proyecto Manhattan, que como ustedes saben fue de donde salió la bomba atómica. Pese a lo anterior, Gordon se separó de su esposa entre otras razones por la invasión soviética a Checoslovaquia. Su esposa defendía a los soviéticos y él a los checos. Por otro lado, su simpatía por el socialismo provocó que lo expulsaran de un colegio de Nueva York en el que daba clases. Y parece que sufrió las persecuciones del macartismo.

"Cuando los militares del Pentágono se enteraron de los antecedentes de Gould, lo obligaron a trabajar en los proyectos bélicos del láser separado de sus colegas. Y estos últimos no tenían permiso de responder a las preguntas de Gordon, aunque sí podían hacerle preguntas.

"A pesar de que Arthur y yo no hemos tenido el apoyo del gobierno, sí hemos contado con el de la comunidad científica. De cualquier forma y a pesar de todas las desgracias que le han ocurrido a Gordon, creo que la primacía de la patente del láser nos corresponde a Arthur y a mí. Sobre todo, el mecanismo de espejos para lograr la amplificación, pues el láser de rubí es obra de Theodore y espero que ya lo hayas patentado para que no te enfrentes a los problemas legales por los que hoy atravesamos.

"Creo que con esta breve explicación Pam estará satisfecha, ¿no es así?"

—Sí, por supuesto —dijo Pam—. Pero ahora que Theodore ha logrado construir el primer láser, ¿en qué se va a utilizar?

—Bueno —respondió Arthur—, creo que el láser es el caso típico de una solución en busca de problemas. Creo que ninguno de los aquí presentes puede predecir el futuro —dijo en tono irónico—. Lo que sí está claro es que además de las aplicaciones como medir distancias muy precisas, soldar, hacer agujeros diminutos, cauterizar y perforar planchas de acero, hay una gran cantidad de aplicaciones en la electrónica y en las comunicaciones que ni siquiera imaginamos. Lo que sí te puedo decir es que las aplicaciones del láser serán tan amplias como las del transistor. Una aplicación que tal vez te resulte interesante es la fotografía en tres dimensiones que propuso y logró el doctor Dennis Gabor por primera vez, en Inglaterra, en 1947.

—¿Cómo que fotografía en tres dimensiones? —inquirió Pam.

—Sí —intervine—, se llama holografía; holograma deriva del griego *holo* que significa completo o total, y *grama* quiere decir mensaje o escritura. Por ello, holograma significa: mensaje total. Un holograma o foto en tres dimensiones es una placa fotográfica en la que se graba la imagen de un objeto, por ejemplo, una cara. Si tú ves la imagen del holograma de frente, verás dos ojos, la nariz y la boca, pero si te mueves podrás admirar también la cara de perfil; bueno, casi de perfil, lo que no sucede con una foto.

—Pero, ¡si así es como yo los veo a todos ustedes ahora! —dijo Pam—. ¿Cómo es posible que en una placa fotográfica vea una cara como si estuviera ahí? Entonces, si yo me muevo ¿veré la imagen desde diferentes ángulos, aunque no pueda tocar la cara?

—Sí —afirmé—, la holografía me sigue produciendo una sensación extraña; es como un mundo imaginario que sale de uno real, una copia exacta de la realidad tridimensional.

—Me encantaría ver un holograma.

—Voy a tratar de conseguir uno y te aviso —dije—. ¿Qué les parece si nos metemos y prendemos la chimenea?, porque hace un poco de frío.

—Nos parece muy bien —contestó Pam.

Cuando nos metimos a la sala me empecé a poner nervioso, no por la presencia de Pam, sino porque quería estar a solas con ella y en ese momento no me le podía acercar. Eso sería como reconocer abiertamente ante Charles y Arthur que yo la pretendía.

El problema era que si ellos se daban cuenta, se sentirían incómodos y, tal vez, quisieran irse al día siguiente.

Para calmar mis ánimos me acerqué al mueble de los discos para escoger algo tranquilo. Mientras buscaba los Arabesques de Debussy se me acercó Pam y me puso la mano en el hombro.

—¿Qué vas a poner?

—Estoy buscando la obra de piano de Debussy, ¿te gusta?

—Sí, me gusta mucho su cuarteto de cuerdas.

La respuesta de Pam, corroboraba lo que me había dicho en la tarde, no sólo conocía de música, sino que sabía que Debussy sólo había compuesto un cuarteto.

—A mí me gusta más el de Ravel, sobre todo el segundo movimiento, que tiene unos pizzicatos que te erizan la piel.

—Sí, es muy bonito —dijo Pam—, pero el movimiento tranquilo del de Debussy, creo que es el tercero, te produce una sensación de tranquilidad y placer.

—Bueno, qué les parece si lo escuchamos —interrumpió Charles—. A mí me gusta todavía más el trío de Ravel.

Nos sentamos alrededor de la chimenea a disfrutar los cuartetos de Ravel y Debussy, que casi siempre están en el mismo disco. Se hizo un silencio agradable que conocen muy bien los que están acostumbrados a escuchar la música, los que la disfrutan.

Charles, que conocía bien ambas obras, las tarareaba y se anticipaba a la música, indicando los siguientes movimientos. Arthur discutía con su cuñado si la música debía escucharse a un volumen alto o bajo.

Después de Debussy y Ravel, seguimos con los cuartetos de Bartok y luego nos regresamos unos cuantos años hasta los últimos cuartetos de Beethoven. Me di cuenta de que mis invitados estaban disfrutando su estancia. Cenamos unos sandwiches y poco a poco se fueron retirando a su habitación. Primero, Arthur y su esposa y después el matrimonio Townes.

¡Todo estaba fríamente calculado! Pam y yo nos quedamos solos. Puse entonces otro disco de Miles Davis y me senté junto a ella. Me acerqué a besarla, en un beso de larga duración o LP, y la invité a dormir en mi habitación.

Subimos como dos preparatorianos que se esconden de sus papás, sin hacer nada de ruido, cerramos con cuidado la puerta del cuarto y caímos en mi cama. Después de hacer el amor, nos quedamos observando nuestros cuerpos, como si ahora se viera todo con una lupa. Creo que es la mejor noche que he pasado en mi vida.

A la mañana siguiente Pam y yo nos levantamos muy temprano y fuimos a correr a la playa. Al regresar a la casa los Townes ya se habían levantado.

—¿Qué tal durmieron? —pregunté.

—Muy bien, ¿y, ustedes?

—Perfectamente. Parece que Arthur sigue siendo un dormilón de primera.

A la media hora bajaron Arthur y su esposa. Siempre los que ya están levantados llevan ventaja. Desayunamos en la terraza de la casa y los invité a dar una vuelta en lancha por la bahía.

Recorrimos como 20 km bordeando la costa y regresamos a la casa con mucha sed. Ann nos preparó una deliciosa jarra de agua de limón con cáscara y muchos hielos. Arthur, Charles y yo hablamos sobre nuestros planes futuros en torno al láser, y acordamos mantenernos al tanto de nuestros logros. Charles mencionó que veía mucho futuro para el láser en la industria y me sugirió que hiciera una compañía. Después llegó el momento de la despedida.

—Bueno, creo que ha llegado el momento de partir —dijo Charles.

—No me gusta la idea, pero creo que no queda más remedio —afirmó Arthur.

—La hemos pasado muy bien —dijo la señora Townes—. ¿Cuáles son tus planes Pam?

—Creo que me quedaré con Theodore unos días más —respondió Pam.

—Nos da mucho gusto.

Mis invitados empacaron sus cosas y Pam y yo los acompañamos hasta el coche para despedirlos.

Pam se quedó tres días en mi casa y sólo fui a los laboratorios de la Hughes lo estrictamente necesario para cumplir con los asuntos que había dejado pendientes. Durante el resto del tiempo me la pasé con Pam como si no existiera otra cosa en el mundo. El jueves nos levantamos muy temprano. Pam tenía que tomar el primer vuelo a la ciudad de Nueva York, donde tenía una cita para escoger algunas fotos para un catálogo. Fue una despedida triste para ambos, pero había que trabajar.

Durante las semanas siguientes seguí viendo a Pam, cada vez que podía; algunas veces yo iba a Nueva York y me quedaba en su casa y otras ella venía a Malibú.

Cuando se acercaba la Navidad de ese año, 1960, tres colegas de los Laboratorios Telefónicos Bell: A. Javan, W. R. Bennett junior y D. R. Herriott lograron construir por primera vez un láser de gas que tenía una mezcla de helio y neón, gases nobles. En este tipo de láser una descarga eléctrica excitaba a los átomos de helio y éstos a su vez a los de neón, ambos en un tubo de vidrio, produciendo por primera vez un rayo láser continuo que emitía una luz rojiza. Durante ese mismo año aparecieron otros dos nuevos láseres de cristal, uno de los cuales lo construyó Arthur Schawlow. Al parecer, el láser de helio-neón estaba basado en los principios que había patentado Gordon Gould.

Tuve la fortuna de pasar la Navidad en casa de la encantadora familia de Pam. Era la primogénita y tenía dos hermanos más pequeños, uno estudiaba ingeniería y el menor estaba en High School y usaba el pelo largo. El padre de Pam era arquitecto y en su tiempo libre se dedicaba a tocar el piano y la madre se encargaba del trabajo de la casa. Durante la visita los padres de Pam sugirieron que formalizáramos nuestra relación, pero yo dejé que Pam dijera la última palabra. Su actitud les hizo ver que ella tomaría sus decisiones en el momento apropiado y que deberían respetarla. Y así fue.

4

Mensaje tridimensional

Con cada ojo vemos un objeto desde ángulos ligeramente diferentes. Esto a su vez permite al cerebro comparar ambas diferencias y generar una imagen tridimensional.

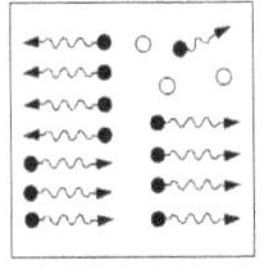

A las 8 A.M. sonó el teléfono, estiré el brazo para contestar y me encontré en el camino con los hombros desnudos de Pam. Ella metió la cabeza debajo de la almohada. Era George W. Stroke que me hablaba para comunicarme que junto con A. Labeyrie habían logrado producir un holograma de reflexión que no necesitaba de la luz del láser para observarse, sino que se podía apreciar la imagen tridimensional con la luz común y corriente. Y me invitaba para hacerme una demostración en su laboratorio.

En pocos años había crecido tanto el tipo de láseres como sus aplicaciones y una de las más sorprendentes era la holografía. Primero, Emmett N. Leith y Juris Upatnieks habían obtenido en 1962 la primera imagen tridimensional, siguiendo la técnica de Dennis Gabor y, en 1964, producirían el primer holograma del mundo: *El tren y el pájaro*. También durante 1962, el colega soviético Yu N. Denisyuk había demostrado teóricamente que se podía reconstruir un holograma con luz común y corriente, pero no lo había demostrado experimentalmente.

Siguiendo los consejos de Charles Townes, Stroke llevaba tres años con una empresa dedicada a la fabricación de láseres. Yo, por mi parte, fundé la Korad Inc. en Santa Mónica, una empresa dedicada a producir algunos láseres y en la que se desarrollaba tecnología de punta.

La Korad me permitió tener mejores ingresos que mi trabajo académico, lo cual me permitió vivir más holgadamente.

Al día siguiente Pam y yo estábamos en el laboratorio de George W. Stroke. Era un galerón oscuro que estaba en el sótano del edificio. Tenía una gran mesa montada encima de unas cajas de arena y entre la arena y el suelo había colocado unas cámaras de llanta. Todo con el objeto de no transmitir las vibraciones del suelo a los aparatos que estaban en la mesa.

En la mesa había un láser de helio-neón que proyectaba un finísimo rayo de color rojo, tres espejos (uno de los cuales era semitransparente, es decir, que deja pasar una parte del rayo de luz y la otra la refleja), dos lentes que abrían un poco el haz de luz, una placa de película muy sensible al color rojo y, finalmente, el objeto en cuestión, que en este caso era una moneda.

Para entender cómo se hace un holograma, George Stroke sacó un diagrama esquemático en el que se podía apreciar la colocación de cada uno de los elementos y la trayectoria del rayo láser (véase la figura 6). Nos acercamos para ver el diagrama.

—Miren —explicó George—, el rayo láser sale de aquí. Después se encuentra con un espejo semitransparente que hace un ángulo de 45°. Con este tipo de espejos, o mejor dicho semiespejos, se logra que el rayo se parta en dos. Uno de estos rayos se abre un poco con la lente y se refleja en un espejo, que también está a 45° y de ahí se dirige a la placa fotográfica que es una película muy sensible al color rojo. Por supuesto que la única luz que debe haber es la del láser porque si no se velaría la placa fotográfica. Este primer rayo se llama el haz de referencia. El otro rayo, el segundo, acuérdense que se dividió en dos, también se abre un poco, se refleja en otro espejo, colocado a 45°, y de ahí se dirige al objeto, la moneda en este caso, del cual se va a obtener el holograma. Cuando este rayo llega al objeto, parte de esa luz se refleja y va también a dar a la placa fotográfica. De modo que, resumiendo, a la placa fotográfica llega por un lado la luz del láser tal cual y, por el otro, la luz del láser que refleja el objeto.

"Siguiendo este procedimiento, en la placa fotográfica ya ha quedado grabado el holograma, o la imagen en tres dimensiones. Si después se revela la placa, voy a observar una serie de anillos concéntricos más claros o más oscuros con una distribución peculiar que se llama patrones de interferencia, pero no veré ni rastro del objeto.

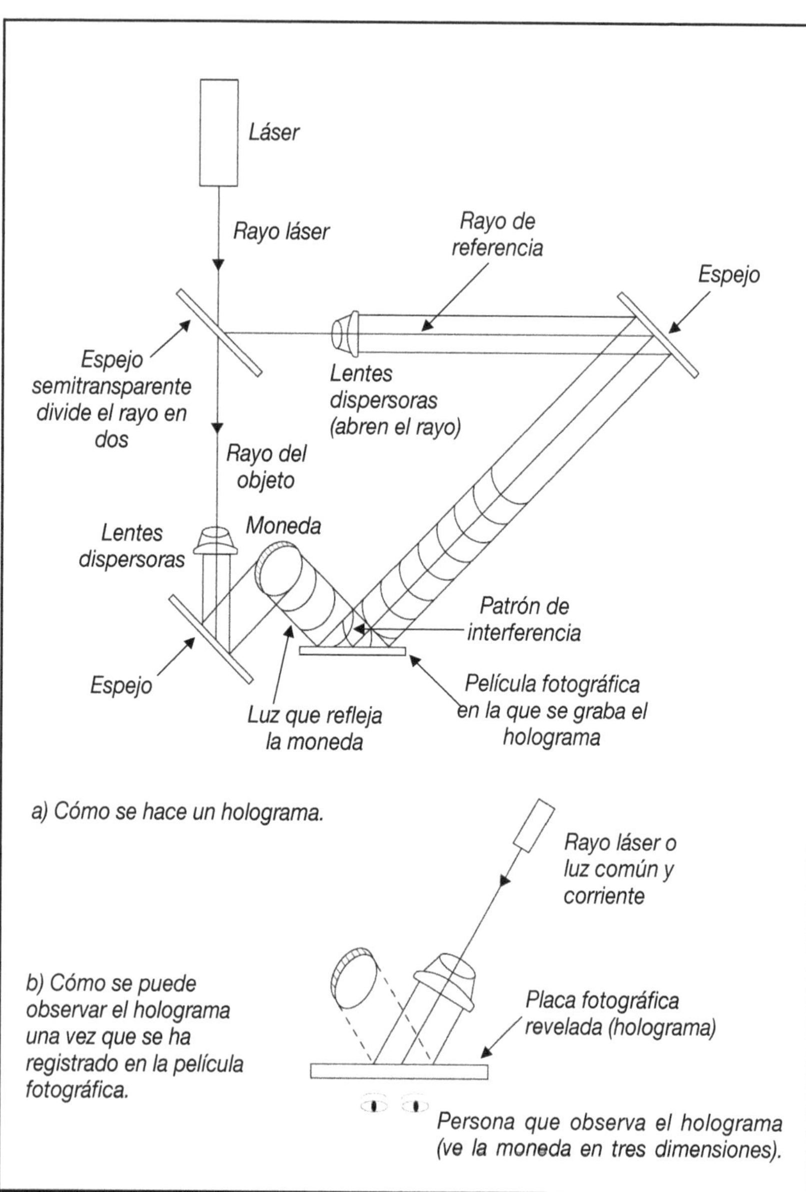

Figura 6. Holograma de una moneda.

"Si después de haber revelado la placa, la ilumino con el rayo láser, voy a observar en la placa la imagen del objeto en tres dimensiones, como si realmente estuviera allí, aunque sólo se trate de una película fotográfica.

"Hasta ahora sólo les he explicado cómo se produce un holograma común y corriente de un solo color, en este caso rojo. Para conseguir uno de los míos tengo que usar cuando menos tres rayos láser, uno para cada uno de los colores primarios y seguir el mismo procedimiento. Así se consigue un holograma a color y lo más sorprendente del caso es que si después de revelar la placa fotográfica la ilumino con luz común y corriente, pero que le llegue a la placa en un ángulo adecuado, se observará un holograma a colores.

"En la práctica, tú bien lo sabes, Theodore, la luz del láser es coherente, sólo a lo largo de cierta distancia, que es lo que llamamos longitud de coherencia del láser. He encontrado que es mucho más difícil hacer un holograma de un objeto grande porque el rayo láser debe conservar la coherencia a aproximadamente el doble de la profundidad que posea el objeto. Si es una moneda, la profundidad será de 3 cm; pero si se trata de la cara de una persona, será de 20 cm. Entonces necesitaré un láser que tenga aproximadamente una longitud de coherencia de 6 cm en el primer caso, y de 40 cm en el segundo. El problema es que es mucho más caro y complejo un láser que tenga una longitud de coherencia grande. Y, por esta razón, casi siempre se hacen hologramas de objetos pequeños.

—Para mí sigue siendo asombroso que se pueda lograr una imagen en tres dimensiones —señaló Pam.

—En la fotografía que iniciaron Nicéphore Niepce y Jacques Mandé Daguerre, en el año 1826 —continuó George—, se forma una imagen en dos dimensiones. Las ondas de luz tienen cierta "altura" que se denomina la amplitud de onda (en rigor, es la mitad de la altura de las ondas). Si la amplitud se eleva al cuadrado se obtiene otra cantidad que se llama la intensidad de la onda (véase la figura 7).

"Además de estas características, otra muy importante es la fase de una onda. Para comprender esta característica en la figura que he dibujado (véase figura 8) puedes apreciar dos ondas cuya diferencia de fase es de 180° y otras dos cuya diferencia de fase es de 0°. En este último caso, se dice que las ondas están en fase (en rigor sería 0°, 360°, 720°, etc., múltiplos de 360).

"En la fotografía lo único que se puede registrar en la película son las diferencias de intensidad (y, por lo tanto, de amplitud) de las ondas de luz que refleja cualquier objeto.

"Nuestros ojos también sólo son capaces de percibir las diferencias de intensidad de la luz que reflejan los objetos. Sin embargo, como tenemos dos ojos, esto permite ver un objeto desde ángulos ligeramente diferentes, lo cual a su vez permite al cerebro comparar ambas diferencias y generar una imagen tridimensional del objeto.

"A principios de este siglo surgió una técnica fotográfica llamada estereoscopía, que consiste en producir la idea de tres dimensiones por medio de dos fotos de una misma escena tomadas desde ángulos ligeramente diferentes. Al apreciar ambas fotos, una al lado de otra, a través de unos binoculares, de tal modo que el ojo derecho sólo vea la foto derecha y el izquierdo la izquierda, se aprecia una escena en relieve, tal y como si fuera tridimensional.

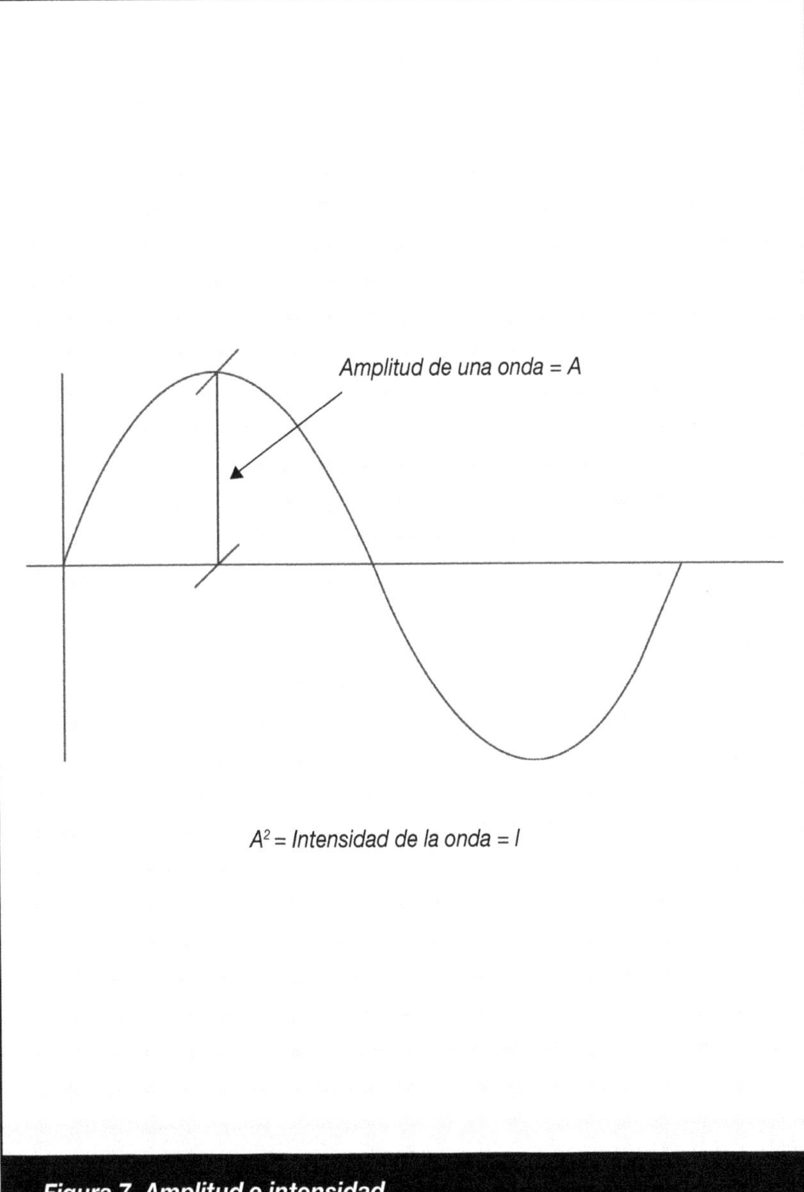

Figura 7. Amplitud e intensidad.

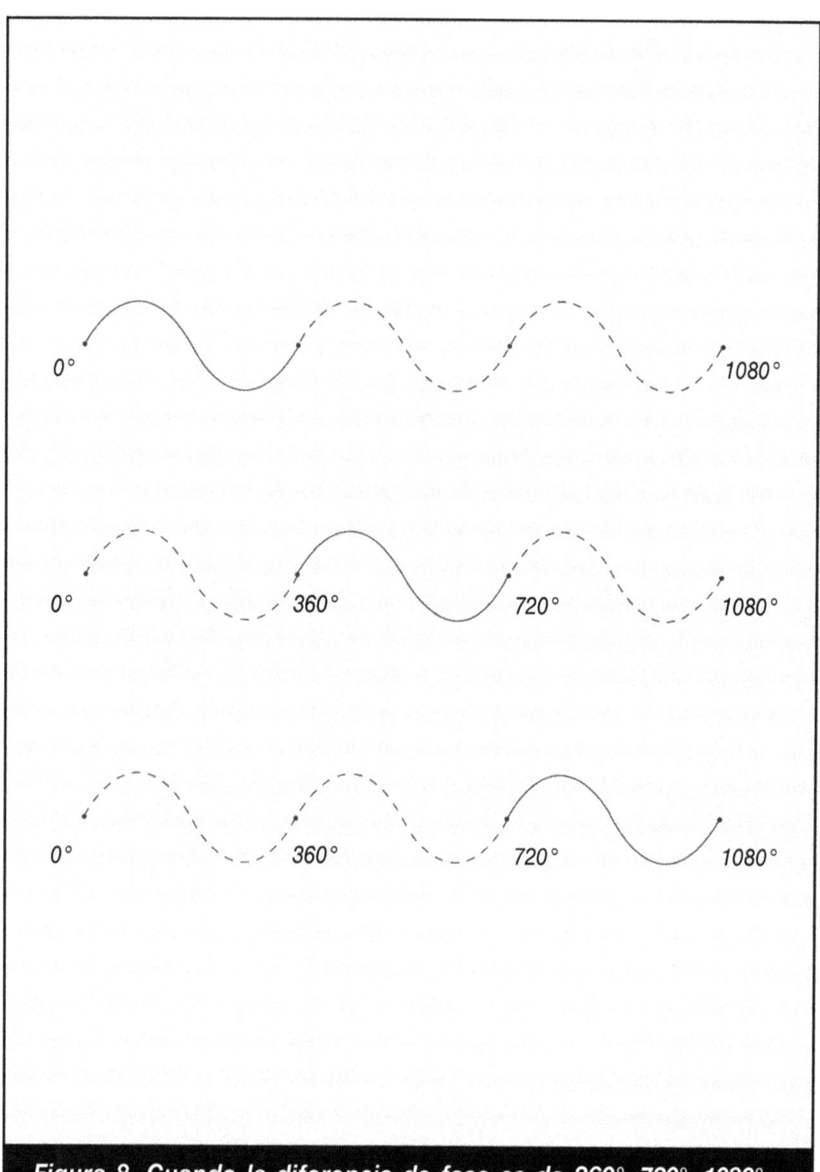

Figura 8. Cuando la diferencia de fase es de 360°, 720°, 1080°, etcétera, las ondas están en fase. Si las ondas están desfasadas su fase es diferente a 360° o un múltiplo de 360°.

"Un principio similar se aplica a las películas que se observan con lentes estereoscópicos, que dan la sensación de estar viendo las imágenes en tercera dimensión.

"Todo lo anterior sólo fueron aproximaciones, en ningún caso se obtiene una imagen tridimensional de los objetos. Esto sólo fue posible cuando surgió la holografía.

"Para lograr la tercera dimensión de una imagen es necesario que la fuente de luz con la que se ilumina el objeto del cual se desea hacer el holograma posea todas las ondas del haz que la componen "parejitas", es decir, que estén en fase, característica llamada coherencia.

"Cuando Gabor concibió la holografía usaba una lámpara de vapor de mercurio, pero el láser que logró Theodore posee las características necesarias para lograr una foto tridimensional perfecta: es una fuente de luz coherente y de un solo color (monocromática).

"Así pues, en la placa fotográfica donde se produce el holograma queda registrada no sólo la información de las diferencias de intensidad del objeto, sino también la información de la fase de las ondas (a través de los anillos de interferencia); con esta última característica se produce la tercera dimensión. Ahora la información completa de las ondas que refleja el objeto del cual se va a hacer un holograma ha quedado grabada en la placa fotográfica. En el caso de la foto convencional no se recoge la información completa de las ondas de luz."

—Sigo sin comprender, qué tiene que ver la coherencia con la interferencia —dijo Pam. Es más, ¿qué es la interferencia?

—Si tiramos una piedra en un estanque se forman anillos concéntricos, cuando éstos llegan al borde del estanque se regresan y "chocan" con los primeros pudiendo anularse o reforzarse (interferencia destructiva o constructiva).

"Para hacerte una analogía muy burda, imagina que quiero conocer la forma del estanque porque no lo puedo ver, sólo conozco cómo se comportan las ondas (anillos concéntricos) cuando tiro piedras en el estanque. Si tiro siempre piedras en el mismo lugar y al mismo ritmo es el equivalente a que posea una luz como la del láser. Si en lugar de lo anterior tiro unas cuantas piedras por diferentes lugares y después otras, sería equivalente a la luz de un foco común. Si observo los anillos en este último caso serán desordenados y se formarán por diferentes lugares del estanque, lo cual me hará mucho más difícil estudiar el comportamiento de los anillos para averiguar la forma del estanque. Si lo hago con una piedra que tiro en el mismo lugar y en intervalos de tiempo iguales podré reconstruir más rápido la forma del estanque.

"Los anillos que se forman cuando tiro la piedra son mi haz de referencia en el experimento para producir un holograma, porque éstos no poseen interferencia en un principio y podrían avanzar indefinidamente haciéndose cada vez mayores.

"Por otro lado, tengo los anillos que se forman después de haber chocado con las paredes del estanque; esto en el holograma sería equivalente a la otra mitad del haz del rayo láser que va a dar al objeto, la moneda, y después a la placa fotográfica. No sé si con esto te quede más claro lo que sucede.

—Sí, creo que sí —dijo Pam en un tono no muy convincente.

—Se me ocurre una idea —señalé. ¿Me prestarías tu laboratorio en la tarde para hacerle un holograma a Pam?

—Sí, como no —dijo George—. Si tienes algún problema yo voy a estar en la universidad, te dejo el teléfono. Voy a dar indicaciones para que te permitan entrar en la tarde y te ayuden si es necesario.

—Gracias George —dijo Pam—. Creo que será una experiencia inolvidable.

—Bueno, ahora me tengo que ir —dijo George.

—Hasta luego, gracias y muchas felicidades —dije.

De ahí nos fuimos a comer unos deliciosos espaguetis al pesto, acompañados de un excelente vino Chianti. Para rematar acabamos con una suculenta *cassata.* Al terminar, nos fuimos caminando hasta el laboratorio de George W. Stroke para bajar la comida.

Al llegar al laboratorio de George le pedimos al encargado que nos abriera la puerta. Revisó su lista, nos pidió que nos registráramos y nos dio gafetes de visitante.

Entramos al laboratorio, encendí las luces y revisamos todos los aparatos antes de hacer el holograma. Tuvimos que cambiar toda la distribución de los instrumentos e incluso utilizar otra mesa.

Coloqué dos mesas largas, una frente a otra, porque ahora Pam era el objeto del cual iba a producir el holograma y tenía que estar en el centro del experimento. En una de las mesas puse los tres láseres: el rojo, el azul y el amarillo, a continuación el espejo semitransparente y la lente dispersora para abrir los rayos y al final de la mesa un espejo a 45° en un extremo y en el otro colocaría la placa fotográfica para imprimir el holograma. Ajusté todos los espejos para que los rayos de ambas trayectorias llegaran a la placa fotográfica y Pam se colocó en el centro con la cara mirando hacia la placa. Le pedí que hiciéramos varias pruebas y le indiqué que por ningún motivo la luz del láser debería llegarle directamente a los ojos, pues le podría causar quemaduras en la retina.

Una vez hechas las pruebas, tuvimos que apagar la luz del laboratorio y dejar una luz de cuarto oscuro para sacar la película fotográfica sin que se velara.

Saqué la película, que tenía casi 1 m^2, y la coloqué en un bastidor vertical. Posteriormente, hicimos algunas medidas con el cronómetro para ajustar el tiempo en que iniciaría la impresión del holograma.

Apagué la luz, contamos 30 segundos en el cronómetro y encendí simultáneamente los tres láseres. Pam tenía que lanzar un beso con la mano y al final guiñar el ojo. Para lograrlo, teníamos que hacer 300 tomas independientes para cada movimiento que estarían sobrexpuestas en la misma placa. Fue un trabajo titánico.

Al terminar la exposición de la placa fotográfica, apagué la luz de los láseres y encendí el foco de cuarto oscuro. Posteriormente, quité la película del bastidor y la guardé en una bolsa de plástico negro para que no se velara.

Para no fallar, hice otras cuatro placas de hologramas con diferentes intensidades y frecuencias del láser. En total, Pam tuvo que posar más de 1,200 veces para grabar el holograma. Afortunadamente estaba acostumbrada a posar ante las cámaras, así que no le resultó excesivamente pesada la tarea.

De ahí nos fuimos al cuarto oscuro para revelar las películas. Los tiempos para los diferentes reveladores y fijadores eran muy importantes, pero por fortuna George había dejado una tabla con los tiempos precisos.

Una vez reveladas las películas las dejamos secar casi media hora. ¡Estábamos impacientes por conocer los resultados!

El primer holograma había resultado un rotundo fracaso, sólo se veían puntos de todos colores, pero no se distinguía ninguna imagen. Tratamos de observarlo con luz de cuarzo y a un ángulo adecuado pero no se veía nada.

Con el segundo holograma se alcanzaba a distinguir desde cierto ángulo una imagen muy débil de Pam con colores que no correspondían con la imagen real.

Pero, al observar el tercer holograma, ¡ahí estaba la imagen de Pam! se podía apreciar claramente y lo más sorprendente era que al movernos hacia la izquierda, ¡la imagen tenía movimiento! Se veía claramente cómo Pam levantaba la mano, enviaba un gran beso y para rematar guiñaba el ojo. ¡El holograma de Pam había sido un éxito! Ahora había que bautizarlo y lo llamamos *El beso*.*

De ahí nos fuimos a mi casa con el holograma bajo el brazo. Al llegar a la casa lo coloqué en mi cuarto; hice una instalación para iluminarlo por la parte posterior con una lámpara de cuarzo, ubicada en la parte superior. La encendí y pusimos el holograma delante. El efecto era sorprendente. Si alguien entraba al cuarto la imagen de Pam se veía tan real que parecía que estaba ahí y además tenía movimiento aparente.

Durante la noche Pam y yo admiramos *El beso* hasta el cansancio. Durante varias semanas la pasamos muy bien. Sin embargo, tenía poco tiempo para estar con Pam. Esto provocó que nuestra relación se fuera debilitando poco a poco.

* *El beso* es uno de los hologramas más famosos del mundo. En él aparece Pam Brazier. Sin embargo, en realidad se hizo entre 1973 y 1974, en la Multiplex Company de San Francisco bajo el método de la cámara Multiplex que inventó el hológrafo Lloyd Cross. Se trata de un holograma en movimiento. En este tipo de hologramas se pueden grabar una cantidad limitada de movimientos. El primer holograma del mundo lo realizaron Emmett Leith y Juris Upatnieks en la Universidad de Michigan, en 1964, es decir, cuatro años después de la invención del láser, y se llamó *El tren y el pájaro*.

Un martes en la mañana estábamos en la terraza de la casa y Pam tenía que salir rápidamente a París para hacer unos anuncios de televisión. Desayunamos unos huevos con tocino, jugo de naranja y café. Sin embargo, al terminar noté una actitud de rechazo de Pam que me puso nervioso.

—¿Pasa algo? —pregunté.

—No... bueno, en realidad sí.

—Siento que nuestra relación se ha estancado —dijo categóricamente—. Últimamente no siento lo mismo que al principio. No estoy enamorada de ti, a pesar de que me has tratado muy bien y no dudo que me quieras.

—Toda relación depende de dos personas —afirmé—. Si sientes que se ha perdido la frescura, tú puedes hacer la parte que te corresponde. Yo trataré de mejorar mi parte.

—Siento que lo más adecuado es dejar de vernos durante un tiempo —dijo Pam.

—No creo que esa medida resuelva las cosas. ¿Estás enamorada de otra persona?

—No, pero sí me gustaría ver a otros hombres.

En ese momento, se me hizo un nudo en la garganta. Los argumentos de Pam eran contundentes, no podía hacer otra cosa que empezar a aceptar mi soledad. Mi actitud cambió radicalmente.

—¿Quieres que te lleve al aeropuerto? —pregunté.

—No, gracias, pediré un taxi.

Me quedé en la terraza contemplando el mar. Se me salían las lágrimas mientras tragaba saliva. De pronto sonó el claxon del taxi que venía a recoger a Pam. Se acercó despacio y sentí que también estaba un poco triste. Me dio un beso en la boca, me abrazó, y en tono débil murmuró:

—Gracias por todo, Theodore.

Durante el resto del día fui a caminar a la playa; caminaba grandes distancias sin darme cuenta. Todo el tiempo pensaba en Pam. En la noche me acerqué a la chimenea y puse algunos de los discos que habíamos compartido. Mi tristeza iba en aumento. A las 2 A.M. decidí irme a dormir. Llegué al cuarto y prendí la luz para admirar el holograma. Observaba cómo Pam me mandaba un beso. Parecía el beso de despedida. De pronto me detuve en una parte de la escena y me quedé dormido en el suelo admirándola.

A la mañana siguiente, desperté después del mediodía. Tenía una cita con un holófrafo ruso y lo había dejado plantado. Hablé de inmediato a la Korad para disculparme y cambiar la cita.

Durante el resto de la semana, entraba al cuarto y me quedaba observando el holograma de Pam durante horas y horas, como si esperara que saliera de ahí y me besara realmente, pero la escena se repetía una y otra vez.

Creo que durante los siguientes meses mi productividad cayó por los suelos. Tardé más de seis meses en empezar a recuperarme. Los recuerdos aparecían una y otra vez. Observar el holograma de Pam se había convertido en una obsesión que podía enloquecerme.

Decidí salir de ese estado, empleando todas mis energías en el trabajo. Y así lo hice para tratar de olvidar a Pam. Me propuse el proyecto de encontrar aplicaciones para mi invento que brindaran nuevos procesos tecnológicos.

Mi primera incursión en las aplicaciones del láser fue hacer los agujeritos de las mamilas para los biberones. Hacer agujeros pequeños con el láser resultaba apropiado. Para ello utilicé un láser de bióxido de carbono. Con el láser los agujeros de las mamilas quedaban mucho más uniformes que con procedimientos térmicos o mecánicos.

En cambio, para hacer agujeros de grandes dimensiones el láser no era el instrumento más adecuado, porque se necesitaba uno de gran potencia cuyo costo era inaccesible y los procedimientos tradicionales resultaban más apropiados. En el caso de las mamilas el problema era diseñar un mecanismo para que pasaran frente al láser gran cantidad de mamilas por unidad de tiempo.

Al poco tiempo encontré otra aplicación interesante. Los agujeros de las válvulas de aerosoles también se podían hacer con el rayo láser. Una cosa tan sencilla como hacer agujeros pequeños ofrece múltiples aplicaciones. Con el láser se podían perforar agujeritos en el filtro de los cigarros para reducir la cantidad de alquitrán mediante la variación en el flujo de aire cuando se inhala. En la Coherent Inc. de Palo Alto, California, lograron hacer agujeritos de la cuarta parte de un milímetro a una velocidad de tres millones de perforaciones por segundo.

Pero con el láser no sólo se podían hacer agujeros en materiales blandos, sino en los más duros que se han encontrado en la naturaleza, como el diamante. Perforar el diamante sirve para hacer cables de diferentes diámetros. Los cables se introducen en el diamante perforado y se estiran. También era posible perforar planchas de acero con el láser de CO_2 (bióxido de carbono) y no sólo se podían perforar sino también cortar y soldar.

Otras aplicaciones industriales no menos sorprendentes fueron cortar patrones de tela, grabar las placas del número de serie de los coches o hacer microsoldaduras en los circuitos eléctricos.

Las primeras aplicaciones del láser en la industria utilizaban una medida no muy estándar para medir la potencia del láser y era en navajas de afeitar, Gilletes. La pregunta obligada era ¿cuántas Gilletes puede perforar tu láser?

En la industria se necesitan láseres muy potentes. Por ello, los más usados eran los que emiten pulsos como el de rubí, el YAG (por Itrio, en latín *Yttrium*, Aluminio y un material de la familia del granate) con una pequeña cantidad de neodimio y el de bióxido de carbono, que puede funcionar con pulsos o en forma continua.

En un principio se probaron muchas aplicaciones del láser pero algunas no fueron exitosas. Por ejemplo, se intentó cortar el pan en rebanadas, pero el resultado fueron rebanadas de pan carbonizadas.

Poco a poco me fui introduciendo en las diversas aplicaciones del láser. En el invierno de 1963 me encontré al doctor Richard M. Dwyer que trabajaba en la Facultad de Medicina de la Universidad de Los Ángeles.

El doctor Dwyer me explicó que el láser tenía varias aplicaciones en medicina. Sin embargo, hasta ahora no ha podido sustituir al bisturí y a la electrocauterización. Algunos médicos utilizan como propaganda el que realizan operaciones con láser, sobre todo es frecuente entre los oftalmólogos. Cobran grandes sumas de dinero para, por ejemplo, curar la miopía cuando en la mayoría de los casos no es necesario usar un láser. Pero en esta rama, éste ha demostrado ser efectivo en algunos padecimientos como: la degeneración de la retina que padecen los diabéticos o el desprendimiento de la misma.

—Una de las grandes ventajas del láser en la cirugía —decía el doctor Dwyer—, es que con éste a la vez que se corta, se cauterizan los vasos sanguíneos, lo cual evita las hemorragias. Entre las aplicaciones en medicina se pueden mencionar la destrucción de tumores malignos en células cancerosas del útero o la vagina, así como en la laringe; operaciones de microcirugía en los huesos del oído interno en las cuales se ha logrado que algunos pacientes recobren el oído; detención de hemorragias en úlceras intestinales; eliminación de marcas de nacimiento o defectos en la piel; cicatrización rápida de heridas, corte de tejidos y hasta acupuntura con láser.

"También se ha usado el láser para explorar las partes internas del cuerpo humano, por medio de un instrumento que se llama endoscopio; éste es un cable conductor de luz que se introduce en los orificios del cuerpo y permite obtener imágenes de los órganos. El cable de luz está hecho de fibras ópticas que son delgadísimos hilos por los que viaja la luz del láser.

"En medicina, el láser que se utiliza frecuentemente es el de argón, aunque también se usa el de bióxido de carbono. Finalmente, los dentistas también han usado el láser en forma de hologramas para medir la corrección de dientes chuecos cuando se ponen frenos u otro mecanismo para enderezarlos."

Después de internarme en el terreno de hacer agujeros y soldar con el láser me dediqué a explorar otro campo no menos fértil que fue el de realizar medidas con el láser.

El láser tiene la propiedad de ser una línea recta casi perfecta. Si observamos la luz del láser común de helio-neón con humo de cigarro, se observa efectivamente una línea recta. En condiciones normales se aprecia un punto que sale del láser y otro punto donde choca con algún objeto.

Un láser de baja potencia como el de helio-neón se puede utilizar como un teodolito para alinear muros, bardas y paredes con precisión. También se puede emplear para señalar pendientes, como es el caso de los canales de riego o las albercas. En topografía sirve para medir ángulos y distancias de muchos kilómetros con muy poco error.

Para medir una distancia, el rayo láser se enciende y en el otro extremo se coloca un espejo que lo refleja. Si se mide el tiempo que tarda el rayo de luz en ir y regresar, se multiplica por la velocidad de la luz y se divide entre dos se sabrá la distancia entre ambos puntos.

Otra aplicación interesante del láser, en la enseñanza, es un experimento para medir la velocidad de la luz. En él se hace que el rayo choque con un espejo semitransparente que gira a una velocidad conocida. Una parte del rayo se dirige hacia un punto alejado, se refleja en un espejo y regresa al espejo giratorio y, posteriormente, se refleja en una pared. La otra parte es el haz de referencia que atraviesa el espejo y se refleja en la pared. Al final del recorrido se observan en la pared dos puntos ligeramente separados. Si se conoce y, por lo tanto se puede medir, la distancia a la que están los puntos, antes y después, se puede conocer la velocidad de la luz (300,000 km/s).

En ingeniería, el láser se puede utilizar como referencia para cavar túneles y que las perforaciones en ambas direcciones coincidan. También es posible dirigir una excavadora para que cave automáticamente con ayuda del láser en la dirección deseada. En sismología, se puede reflejar un rayo láser en un satélite para medir pequeños desplazamientos de la Tierra. Otra aplicación importante es la de revisar las uniones de soldadura de las varillas que se emplean en construcción.

El láser es un instrumento muy preciso. Se pueden medir diferencias de múltiplos de la longitud de onda de la luz con una técnica que se denomina interferometría. Con ella, se puede averiguar, por ejemplo, la rugosidad de la punta de una aguja para inyectar y revisar los defectos de las lentes y espejos de los telescopios. Un uso curioso del láser es la detección de defectos en las telas; el rayo escande o barre la tela y cuando se encuentra algún defecto se detiene y lanza un chorro de tinta para marcar el lugar. También en la fabricación de latas, el láser permite el control de la altura de las mismas.

Arthur Schawlow se había dedicado al estudio de la absorción y emisión de la luz del láser en átomos y moléculas de distintos materiales. Esta rama se conoce con el nombre de espectroscopía láser, una de cuyas múltiples aplicaciones es la medición de la cantidad de contaminantes que hay en la atmósfera. Algunos de los compuestos que más contaminan son los hidrocarburos, los óxidos de nitrógeno, el ácido sulfúrico y el anhídrido sulfuroso.

Si se proyecta luz del láser de una determinada frecuencia, los contaminantes absorben dicha luz. Entonces, si se conoce cómo es la luz cuando no hay contaminantes, se puede determinar la concentración del contaminante. Para ello se utiliza un gran telescopio reflector que analiza la luz del láser dispersada en la atmósfera. También se puede medir con el láser la concentración de monóxido de carbono, anhídrido sulfuroso y metano que emiten los escapes de los automóviles.

En otoño de 1964 recibí una grata noticia: la Academia Sueca de Ciencias de Estocolmo había decidido otorgar el Premio Nobel nada menos que a Charles Townes, junto con los soviéticos Nikolai G. Basov y Alexander Prokhorov. De inmediato le hablé para felicitarlo y al fin de semana siguiente viajé a

Nueva York para celebrar junto con Arthur Schawlow tal distinción. Creo que nunca he bebido tanta champaña como en aquella ocasión.

Desde 1962, año en que fundé la Korad Inc., estuve dedicado de tiempo completo a mi fábrica de láseres y, en 1968, se la vendí a la poderosa Union Carbide. Posteriormente, trabajé en la TRW y dirigí la Control Laser Corporation. Nunca he abandonado la vida académica. Primero, empecé dando clases de física moderna en la Universidad de Berkeley y, por supuesto, la parte fuerte del curso estaba dedicada a los láseres.

El ambiente universitario durante la primera mitad de la década de los sesenta era muy cordial y de gran diversidad. Había gran cantidad de corrientes políticas, movimientos pacifistas que protestaban por la guerra de Vietnam (1962-1970), muchos jóvenes preferían la cárcel antes de tomar el fusil. El 22 de noviembre de 1963 habían asesinado al presidente de los EE.UU., John F. Kennedy, en Dallas, Texas, y se desconocían los motivos.

En la segunda mitad de la década de los sesenta empezaría el movimiento jipi; Country Joe and The Fish daban conciertos de rock por las buenas causas y contra la guerra de Vietnam en el Greek Amphitheatre de Berkeley. Se vivía una especie de Renacimiento en la música, la poesía, la forma de vida. Prevalecían la creatividad, la imaginación y la lucha de las nuevas generaciones que duraría hasta los setenta.

5

Vuelve a la vida

Varios espejos giratorios perfectamente sincronizados mandaban el rayo por todos lados al ritmo de la música.

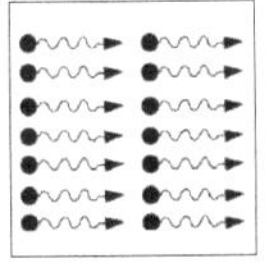

A las 12 P.M. del 11 de febrero de 1982 sonó el timbre, abrí la puerta y me encontré con Natalie, una alumna de la universidad que había recorrido varios kilómetros para encontrarme.

—Pasa, ¿qué se te ofrece? —le pregunté.

—Bueno, perdón por no avisarte antes de venir —dijo Natalie—. Es que estoy trabajando para la revista *Scientific American* y me pidieron que hiciera una nota breve sobre los distintos tipos de láseres que hay; yo transcribo la cinta, lo redacto y te lo traigo para que tú revises el contenido. ¿Qué te parece? —preguntó Natalie.

—Bien, pero primero déjame servir un par de cafés.

Natalie preparó la grabadora y sacó unas hojas.

—¿Empezamos?

—Perfecto.

—Existen cinco grandes divisiones de láseres, de acuerdo con el material del que están hechos: los de cristales, los de gas, los líquidos, los de semiconductores y los de electrones libres.

• Dentro de los láseres de cristales está el de rubí sintético (óxido de aluminio) con impurezas de cromo que fue el primer láser que se construyó —yo lo hice— y el conocido como YAG (Itrio, aluminio, oxígeno y un material de la familia del granate con impurezas de neodimio). Éstos emiten luz infrarroja en pulsos y se usan en diversas aplicaciones industriales.

• Entre los láseres de gas, el más conocido y utilizado en los laboratorios universitarios es el de helio-neón, que emite un rayo continuo y puede emitir en dos o más frecuencias (una de ellas tiene un tono azulado). También está el láser de argón, cuya luz es azul, su rayo es continuo y más potente (de 10 a 20 watts). Éste se utiliza en investigación en la industria. Luego está el de kriptón, que emite un rayo continuo de aproximadamente 6 watts de potencia y que puede dar toda la gama de los colores. Por esta razón, se usa mucho en conciertos, en algunas obras pictóricas y todo tipo de espectáculos. También está el de argón-kriptón que se usa para el teatro en tres dimensiones. Uno de los láseres más utilizados es el de bióxido de carbono (CO_2). Emite en el infrarrojo y puede ser de pulsos o continuo. Es un láser de potencias que van desde 0.5 hasta 1,000 watts, si se trata de un rayo continuo, o potencias superiores a los 100,000 watts, si lo hace en pulsos muy breves. Luego está el láser de monóxido de carbono (CO), cuya luz de 5 μm (micrómetros) de longitud de onda la absorbe el aire, funciona a temperaturas muy bajas y es muy voluminoso. Otro lo constituye el láser Excimer (por *excited dimer*, en inglés) en el cual las moléculas pueden existir únicamente en un estado excitado y cuando éstas pasan a su estado normal se desintegran en los átomos que las constituyen. En este tipo de láseres se emplea un gas raro, como xenón, argón y kriptón, y un halógeno (cloro, flúor, bromo o yodo). El láser Excimer es de alta potencia, emite en el ultravioleta y se emplea en la investigación química y en la producción de obleas de silicio para la industria electrónica. Finalmente, están los láseres quí-micos entre los que se encuentran el de fluoruro de hidrógeno, que emite continuamente o en pulsos en el infrarrojo y tiene aplicaciones militares, y el de fluoruro de deuterio, con características similares, que se emplea en la fusión nuclear y en la bomba de hidrógeno.

- Los láseres líquidos están hechos de colorantes orgánicos que se solidifican a la temperatura ambiente disueltos en un líquido orgánico como el alcohol. Se pueden sintonizar para emitir luz visible de diferentes frecuencias y los usan los químicos y los físicos. Un láser de este tipo produce una luz circular que da la apariencia de una aureola.

• Los láseres semiconductores son los más utilizados en la vida cotidiana. Los descubrieron R. H. Hall, M. I. Nathan y T. M. Quist junto con sus respectivos grupos de trabajo en 1962. Están hechos de un material semiconductor que se llama arseniuro de galio (GaAs) y producen una luz infrarroja de una longitud de onda de 839 nanómetros. Son como un grano de sal (250 micrómetros de largo) y se utilizan en las fibras ópticas, en los aparatos de discos compactos, en los videodiscos, en las impresoras láser, en el fax, en la lectura del código de barras, en las imprentas y en la digitalización de imágenes. Otros tipos emiten una luz visible roja (véase la figura 9). Posteriormente, apareció el DVD (Disco Versátil Digital), en el cual con un rayo más fino es posible almacenar grandes cantidades de información digital (de 4 a 18 gigabytes). Las películas se pueden almacenar en un DVD.

• El láser de electrones libres consiste en un haz de electrones liberados por los átomos que atraviesan un potente imán que los acelera. En lugar de luz se trata de electrones con propiedades similares a los rayos láser. Este tipo de láser es muy potente, tiene aplicaciones militares y abre la posibilidad de producir uno que vaya desde las microondas hasta los rayos X (véase tabla 3).

—Creo que con esto termina la "pequeña" lista de los diferentes tipos de láser. ¿Te gustaría incluir otros?

—No, con eso basta —señaló Natalie—. Creo que ninguna persona se podrá quedar con tanta información en la cabeza. Voy a tener que hacer una nota mucho más sencilla para no asustar a mis lectores.

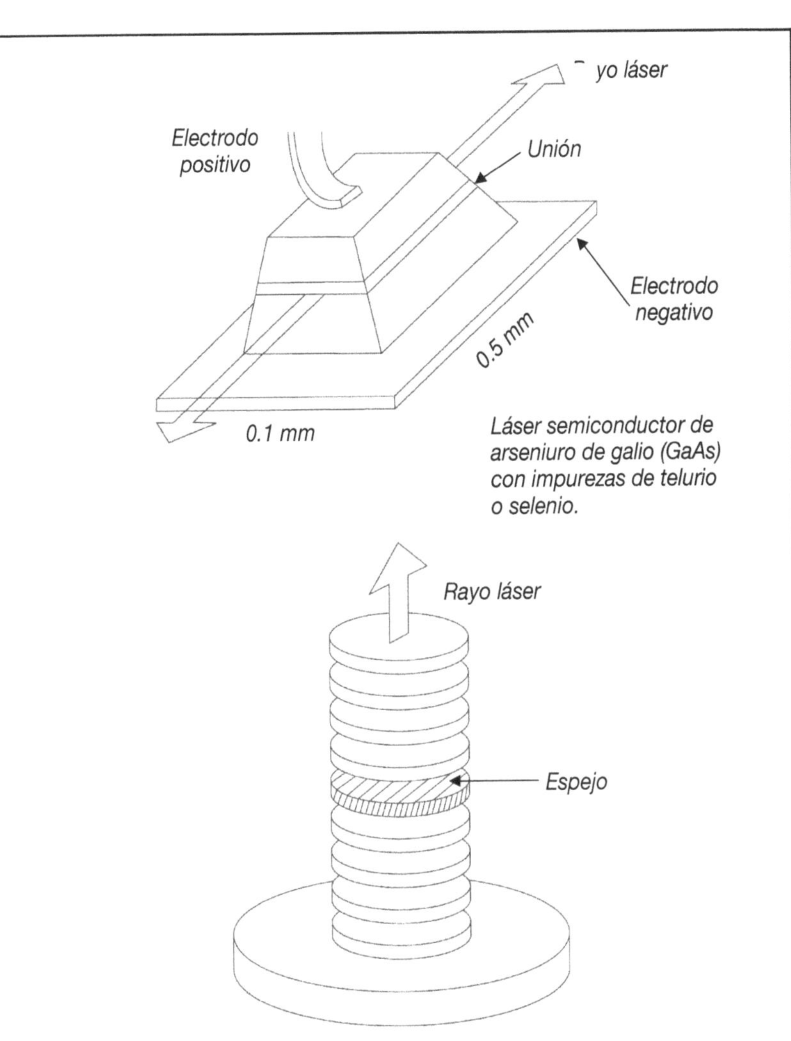

El microláser es el láser semiconductor más pequeño que existe. Mide entre 1 y 6 micras de largo. En un chip de 7 X 8 mm caben más de un millón de microláseres. Lo crearon Jack L. Jewell y Sam Mac Callen en 1989.

Figura 9. Láseres semiconductores.

Tabla 3. Algunos tipos de láser.

Tipo	*Longitud de onda (λ) en nanómetros*	*Color o parte del espectro*	*Aplicación*
Excimer Fluoruro de kriptón (gas)	*249*	*Ultravioleta*	*Oftalmología, aleaciones e imprentas*
Excimer Cloruro de xenón (gas)	*308*	*Ultravioleta*	*Cirugía e imprentas*
Nitrógeno (gas)	*337*	*Ultravioleta*	*Espectroscopía y pruebas no destructivas*
Colorantes orgánicos (líquidos)	*300-1,000*	*Visible*	*Oftalmología y dentistas*
Kriptón (gas)	*335-800*	*Azul, verde, amarillo y rojo*	*Carátulas, anuncios, espectáculos de música, teatro, cine y eventos de luces*
Argón (gas)	*450-530*	*Azul y verde*	*Espéctaculos, oftalmología y dentistas*
Helio-Neón (gas)	*543* *632.8* *1150*	*Verde* *Rojo* *Cerca del infrarrojo*	*Construcción, balanceo* *Construcción, balanceo, impresión y copiado* *Espectroscopía*
Semiconductores Familia del GaInP	*670-680*	*Naranja y rojo*	*Carátulas, anuncios y comunicaciones*

Tabla 3 (continuación). Algunos tipos de láser.

Tipo	*Longitud de onda (λ) en nanómetros*	*Color o parte del espectro*	*Aplicación*
Rubí (cristales)	*694*	*Rojo*	*Cirugía invasiva y facial*
Semiconductores Familia del GaAlAs	*750-900*	*Cerca del infrarrojo*	*Discos, comunicaciones, anuncios luminosos, carátulas de relojes, impresión*
Neodimio YAG (cristales)	*1,064*	*Cerca del infrarrojo*	*Sellar, soldar, imprentas y cirugía*
Semiconductor Familia del InGaAsP	*1,300-1,600*	*Infrarrojo*	*Investigación*
Fluoruro de hidrógeno (gas)	*2,600-3,000*	*Infrarrojo*	*Pruebas industriales no destructivas*
Bióxido de carbono (CO_2)	*9,000-11,000*	*Infrarrojo lejano*	*Cortar, soldar, fundir, aleaciones y cirugía*

—¿Te parece muy difícil?

—No se trata de eso, sino que creo que deberías intentar escribir artículos para todo público, es decir, hacer divulgación de la ciencia, creo que es una forma de contribuir con tus conocimientos al resto de la sociedad y que no vean al científico como un ser al que es difícil acercarse —dijo Natalie.

—De acuerdo, pero no creo que el *Scientific American* sea una revista para niños.

—No —dijo Natalie—, creo que es para un público universitario o profesionales de disciplinas afines a la ciencia.

—Te propongo algo... tú que tienes más experiencia en lo que es la divulgación, me puedes ayudar a llevar mis conocimientos a ostro tipo de lectores y en el camino aprendemos uno del otro.

—Cuando quieras —dijo categóricamente Natalie.

Al día siguiente le hablé a Natalie por teléfono para invitarla a un concierto de Santana en el que usarían el láser para hacer más atractivo el concierto. Aceptó de buena gana. Pasé por ella y llegamos en punto al concierto. De pronto, el anunciador dijo:

—Señoras y señores... Santana.

Un láser de color verde empezó a recorrer todo el auditorio hasta que se centró en la parte superior para formar la palabra "Santana" con su muy peculiar tipo de letra. Era un espectáculo impresionante. Varios espejos giratorios perfectamente sincronizados mandaban el rayo por todos lados al ritmo de la música. De pronto empezó la famosísima canción *Europa* con su requinto chillón característico que me estremeció hasta los huesos. Había que ponerse a bailar. Durante todo el concierto Natalie y yo la pasamos bailando hasta quedar exhaustos. De ahí nos fuimos a cenar y luego la acompañé a su casa.

Poco a poco empecé a llevar una relación más estrecha con Natalie.

En una ocasión me invitaron a la ciudad de México a dar una plática sobre los usos y abusos del láser. Aproveché la oportunidad para invitar a Natalie. Así que nos fuimos los dos.

Al llegar a la ciudad de México me impresionó su tamaño, así como la hospitalidad de la gente. Me dirigí al Instituto de Astronomía de la UNAM, donde conocí al doctor Daniel Malacara, jefe del Departamento de Óptica, al ingeniero José de la Herrán y al doctor Roberto Ortega, su interés por el láser y sus conocimientos me causaron muy grata impresión. No cabe duda que la ciencia es internacional.

La cita era a las 5 P.M. Muy puntual llegué a las nuevas instalaciones de la Facultad de Ciencias, porque antes había estado en un gran edificio que se llamaba la Torre de Ciencias con un bello jardín en el que había una estatua de Prometeo. Ahí me esperaba el doctor Malacara, el primer mexicano que se doctoró en óptica, y me condujo a un auditorio que se llamaba "Manuel Henríquez", en el que cabían 500 personas. El auditorio estaba abarrotado.

Habría una traducción simultánea que estaría supervisada por el doctor Malacara. Después de una breve presentación, empecé:

—Nunca imaginé que tuviera un auditorio tan amplio. Me agrada ver que el láser despierte tanto interés. Espero que sea para darle un buen uso. Por eso he titulado esta charla "Usos y abusos del láser" (creo que ya había aprendido algo de Natalie).

"Antes de entrar aquí unos estudiantes de la Facultad de Ciencias me comentaban que cuando los soldados se metieron a la Universidad en el movimiento de 1968, al llegar a los laboratorios de física pusieron a todo el personal pecho tierra y con tono de preocupación les preguntaron que dónde estaban los láseres. Todos los que hemos pasado por un laboratorio sabemos que los láseres que se usan ahí, los de helio-neón, son inofensivos y cuando mucho pueden provocar una quemadura leve en la retina si se observan directamente. "Esto me recordó que algo parecido, pero con consecuencias desastrosas, ocurrió la noche del 30 de octubre de 1938, cuando el célebre actor y director, Orson Wells, transmitió desde The Mercury Theatre la versión radiofónica de *La guerra de los mundos*, en la cual combinaba una transmisión musical en vivo con un noticiero que interrumpía para dar la noticia de la invasión marciana. Todo esto ocasionó una demanda por cientos de millones de pesos por daños psíquicos y fracturas.

"Efectivamente, el láser no se puede utilizar para matar personas. Sólo puede causar ceguera si se proyecta en los ojos y quemaduras si es de alta potencia.

"A pesar de lo anterior, el láser sí ha tenido aplicaciones bélicas importantes. En la guerra de Vietnam se usó para dirigir las bombas hacia su objetivo. Se utiliza en la mira de los rifles para señalar algún blanco. Los láseres de CO_2 se han usado como radares para identificar objetivos enemigos y también se ha empleado el láser en telemetría para medir las distancias con precisión.

"Si a esto añadimos las pruebas experimentales que se han hecho para derribar aviones y proyectiles antitanque, el láser ya no sería un juguetito.

"Pero si a todo lo anterior sumamos el proyecto que Lockheed Aircraft, TRW, Perkin Elmer y Charles Stark Draper Laboratory quieren proponer al gobierno de EE.UU., mejor conocido como Guerra de las Galaxias —en el cual se pretende poner en órbita 18 satélites con láseres de alta potencia (5 millones de watts) y espejos parabólicos de 4 m, capaces de concentrar la energía en el objetivo—, la situación se vuelve más delicada. La describiría como el ejemplo representativo de lo que es el abuso del rayo láser.

"En cambio, si me dicen que con el láser, aplicado a las fibras ópticas, es posible transmitir 15 veces más conversaciones telefónicas que por los cables convencionales, así como llevar más estaciones de radio y canales de televisión, por esas pequeñas fibras de 3/4 de milímetro en las cuales la luz viaja internamente por la fibra rebotando en línea recta por los bordes (debido al fenómeno conocido como reflexión interna total), la situación cambia radicalmente. Se abre enormemente la capacidad de las telecomunicaciones. Todo lo anterior sin considerar que las señales luminosas viajan a mayores distancias y, por lo tanto, el número de repetidoras que se requieren es menor, y que con la transmisión con láser se reduce considerablemente el ruido que tanto afecta a las líneas telefónicas. Eso es lo que llamaría el primer uso del láser.

"Con la aparición de los láseres semiconductores se puede utilizar, por ejemplo, el láser para la reproducción de música en los discos compactos. Aquí la luz del diodo láser se envía a un espejo semitransparente, a través del cual pasa una parte del rayo y se concentra mediante una lente en la superficie del disco, el cual consta de pequeñísimos puntos brillantes que reflejan la luz, u opacos que la absorben. Dicha luz reflejada va de regreso al espejo semitransparente y la parte que se refleja va a dar a un fotodiodo detector, en el cual las variaciones de luz se transforman en variaciones eléctricas, es decir, el proceso inverso al diodo láser. Si ahora conectamos un amplificador y una bocina, las variaciones eléctricas se convierten en música de alta calidad (véase la figura 10). Todo lo anterior, sin considerar que el láser se puede utilizar en las

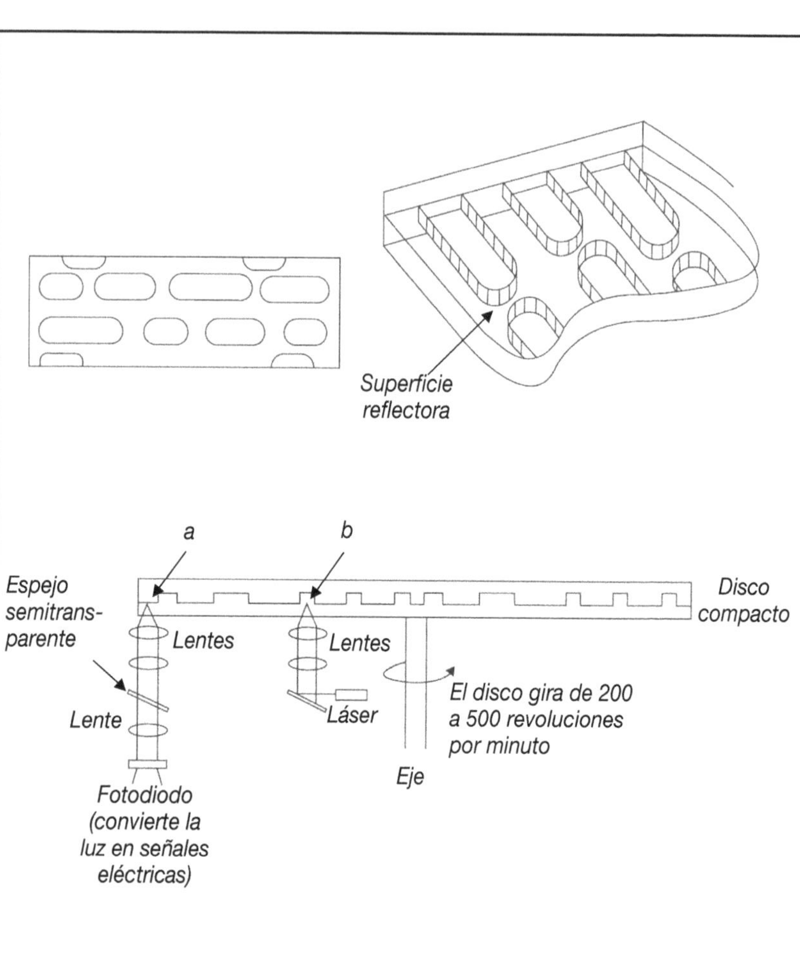

a) En este caso la luz se refleja y el fotodiodo registra una señal eléctrica.

b) En este caso (cuando hay un hueco) la luz no se refleja y el fotodiodo no produce ninguna señal eléctrica.

Figura 10. Reproducción de discos compactos.

impresoras de las computadoras para producir tipografía de gran calidad. Es posible digitalizar una foto o una ilustración con láseres semiconductores y reproducirla con una calidad excepcional. También, gracias al láser, se puede grabar la lámina de impresión, directamente del original de un libro, sin pasar por el proceso de los negativos. Asimismo, se puede registrar el precio de un objeto en la caja registradora, leyendo con la luz del láser el código de barras. Hasta las oficinas de impuestos llevarán el control de sus contribuyentes con un rayo láser. Incluso las tarjetas de crédito graban su holograma para evitar falsificaciones.

"Gracias al láser es posible copiar el texto de un libro sin necesidad de que una persona lo capture letra por letra: con un escáner se puede convertir, en unos cuantos segundos, una hoja mecanografiada en un archivo de texto de computadora sin necesidad de teclearla. A esto lo llamaría el segundo uso del láser.

"Finalmente, en el Lawrence Livermore Laboratory, en California, se tienen dos grandes láseres: Shiva y Nova, que se utilizan para tratar de producir la fusión controlada, es decir, obtener energía utilizable mediante el exceso de energía (defecto de masa) que se produce cuando se fusionan dos núcleos de átomos de, por ejemplo, deuterio y tritio para transformarse en helio. En los experimentos de fusión, un láser de 30,000 millones de watts que dura una mil millonésima de segundo se concentra en una pequeña pelotita que contiene deuterio y tritio. El láser provoca que la presión y la temperatura de dicha pelotita aumenten considerablemente; la fuerza de inercia comprime a ambos átomos hasta que se logra la fusión de sus núcleos. Sin embargo, hasta ahora sólo se ha logrado generar muy poca energía. A esta última la llamaría la esperanza del láser, porque la desesperanza sería utilizarlo en la fusión bélica. Impedir que prolifere el abuso depende de todos y cada uno de ustedes."

Después de una calurosa ovación, terminé mi conferencia no sin antes responder muchas preguntas. Natalie me estaba esperando, porque saldríamos en la noche con el doctor Malacara y su esposa. De ahí nos fuimos a un restaurante de comida típica mexicana que se llamaba el Café Tacuba, donde había unos deliciosos buñuelos que acompañamos con chocolate.

Al día siguiente, como buenos turistas, estábamos en Acapulco, disfrutando en la playa Caleta de un delicioso coctel de mariscos, que ahí llaman Vuelve a la vida. Ahora, eran otros los rayos que quemaban, mientras Natalie trataba de convencerme de que escribiera un libro sobre el rayo láser.

Glosario

Amplitud. Distancia máxima de una onda medida desde el origen hasta el extremo superior, es decir, la altura de la onda.

Coherencia. Una de las propiedades del rayo láser. La coherencia significa que las ondas de luz están en fase en el espacio y en el tiempo.

Emisión. Energía radiante que se produce en un átomo o molécula cuando un átomo pasa de un estado de mayor energía a uno de menor energía. Si un electrón pasa de una órbita superior a una inferior, el átomo emite un fotón.

Espectro electromagnético. Diagrama que muestra las diferentes energías (y, por lo tanto, frecuencias y longitudes de onda) de las ondas electromagnéticas de luz o fotones. Abarca desde los rayos gamma, más energéticos, hasta las ondas de radiofrecuencia, menos energéticas.

Estado base. Estado en el que se encuentra un átomo o molécula cuando sus electrones están en los niveles de energía más bajos o inferiores.

Estado excitado. Estado en el que se encuentra un átomo o molécula cuando un electrón se encuentra en niveles de energía más altos de los que comúnmente ocupa.

Excimer. Término que proviene de la combinación de *Excited dimer*, en inglés. El láser Excimer emplea como medio activo una mezcla gaseosa que emite en la región ultravioleta del espectro electromagnético.

Fase. Se dice que las ondas están en fase cuando las crestas coinciden con las crestas y los valles con los valles.

Fotones. Partículas de las que está compuesta la luz y que viajan en el vacío a 300,000 km/s.

Frecuencia. Número de ciclos que completa una onda en un segundo, es decir, el número de ondas que pasan por un punto fijo durante un intervalo de tiempo. Los ciclos por segundo se denominan hertz (Hz). El inverso de la frecuencia es el periodo que se mide en unidades de tiempo (segundos).

Holograma. Imagen tridimensional de un objeto que se observa en una película o placa fotográfica. En dicha película quedan grabados los patrones de interferencia producidos con un rayo láser. Los hologramas pueden ser de transmisión, reflexión o totales.

Infrarrojo. Parte del espectro electromagnético cuyas longitudes de onda están entre 0.70 y 1,000 micrómetros.

Intensidad. Magnitud de la energía radiante.

Interferencia constructiva. Cuando dos ondas están en fase, es decir, que coinciden sus crestas y valles, se suman los efectos de ambas ondas y se obtiene una onda con el doble de amplitud o amplificada.

Interferencia destructiva. Cuando dos ondas están desfasadas 180 grados, una cresta coincide con un valle, y la onda resultante es nula, porque la suma de una onda positiva y otra negativa, de igual amplitud, es cero.

Inversión de población. Estado en el cual se encuentra una sustancia que se caracteriza porque hay más átomos o moléculas en estado excitado que en estado base. La inversión de población es una condición necesaria para que se produzca un rayo láser.

Longitud de coherencia. Distancia durante la cual la luz de un rayo láser es coherente, es decir, que sus ondas están en fase.

Longitud de onda. Distancia entre dos crestas o dos valles en una onda.

Micrómetro. Distancia equivalente a la millonésima parte de un metro (μm) o $1x10^{-6}$ m.

Monocromática. Luz que teóricamente posee una sola longitud de onda. En la práctica no existe una luz de una sola frecuencia, sino como en el caso del láser, una luz con un ancho de banda muy pequeño, que para todo fin práctico puede considerarse como monocromática.

Nanómetro. Distancia equivalente a la mil millonésima parte de un metro (nm) o $1x10^{-9}$ m.

Ondas electromagnéticas. La luz de cualquier frecuencia y longitud de onda es una onda electromagnética, es decir, una onda en la que hay una componente eléctrica y otra magnética que cambian en el tiempo. En general, perturbación emitida por una carga eléctrica que oscila o se acelera.

Pulso. Emisión discontinua de un láser, en forma de luz o energía.

Reflexión. Cuando un rayo llega o incide en una superficie que refleja la luz, regresa un rayo reflejante. Fenómeno de reflexión.

Refracción. Cuando un rayo de luz pasa de un medio a otro (en los cuales la velocidad de propagación es diferente, por ejemplo, aire y agua), el rayo se refracta. Fenómeno de refracción.

Ultravioleta. Región del espectro electromagnético con longitudes de onda que están entre 100 y 400 nanómetros. La región ultravioleta se encuentra entre la región visible del espectro y los rayos X.

Watt. Unidad de potencia que es igual a un joule dividido entre un segundo.

YAG: Nd. Tipo de láser de estado sólido que consiste en un cristal de itrio, óxido de alumnio y granate con pequeñas cantidades de neodimio.

Lecturas recomendadas

1. Aboites, Vicente, *El láser*, La ciencia desde México, núm. 105, FCE-CONACYT-SEP, México, 1991.
2. Malacara, Daniel, "El láser como instrumento óptico", *Física*, vol. 1, núm. 6, mayo, 1969, p. 10.
3. Mecht, J. y D. Teresi, *El rayo láser*, Biblioteca Científica Salvat, núm. 74, Salvat, 1987.
4. Schawlow, Arthur L., "Veinticinco años del rayo láser", *Libro del Año 1987*, Enciclopedia Barsa, 1987, p.332.
5. Stanley, Leinwoll, *Iniciación al láser y máser*, Paraninfo, Madrid, 1969.
6. Winston, E. Kock, *Los rayos láser y la holografía*, EUDEBA, Buenos Aires, 1972.

www.ingramcontent.com/pod-product-compliance
Ingram Content Group UK Ltd.
Pitfield, Milton Keynes, MK11 3LW, UK
UKHW021656190726
13853UKWH00001B/294

9 789686 849264